20
U0186761
88
40
92

12
48
36
32

不可思议的发明

[波]玛乌戈热塔·梅切尔斯卡 文
[波]亚历山德拉·米热林斯卡　丹尼尔·米热林斯基 图
乌兰　李佳 译

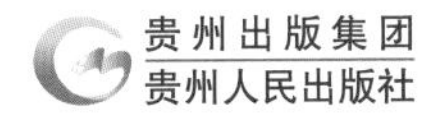

贵州出版集团
贵州人民出版社

发明能给我们带来什么?

人类的梦想或生活的需要是发明的原动力。有些人为了实现自己的梦想，会想方设法不断尝试；而有些人则会因为不喜欢做某件事，尽量让事情变得简单。基于这样或那样的原因，人们开始了五花八门的发明创造。

其实，谁都可以搞点发明创造，干吗不尝试一下呢？只有那些懒人和缺乏勇气的人才不愿意去尝试。真正的发明家都拥有无边的想象力。当然，并不见得每一次尝试都能创造出令人赞叹或者具有实用价值的好东西。

如果有人认为我们的想法很愚蠢，一文不值，不用在意这些，让他们自己也去试试看！有时候，我们可能不会获得什么成果，但这并不意味着不值得去

大胆尝试一下。在创造的过程中，我们会度过很多充实的时光，特别是能够享受亲手创造的快乐。即使是天才也不可能次次成功，只要不断去尝试，就有可能接近成功，而那些懒于动手的人，肯定一辈子也不会有收获。

现在，我们来说说列奥纳多·达·芬奇，他可以算是一位真正伟大的科学家。500多年前，他就设计出了许多奇奇怪怪的东西，比如：自驱式汽车、直升机、滑翔翼、降落伞、潜水艇、升降机、望远镜、机器人、水面行走鞋等。其中，只有为数不多的几样，后来被他制造了出来，而绝大多数设计没能在当时变为现实。也许是因为当时缺少合适的制作材料，也许是因为设计中存在一

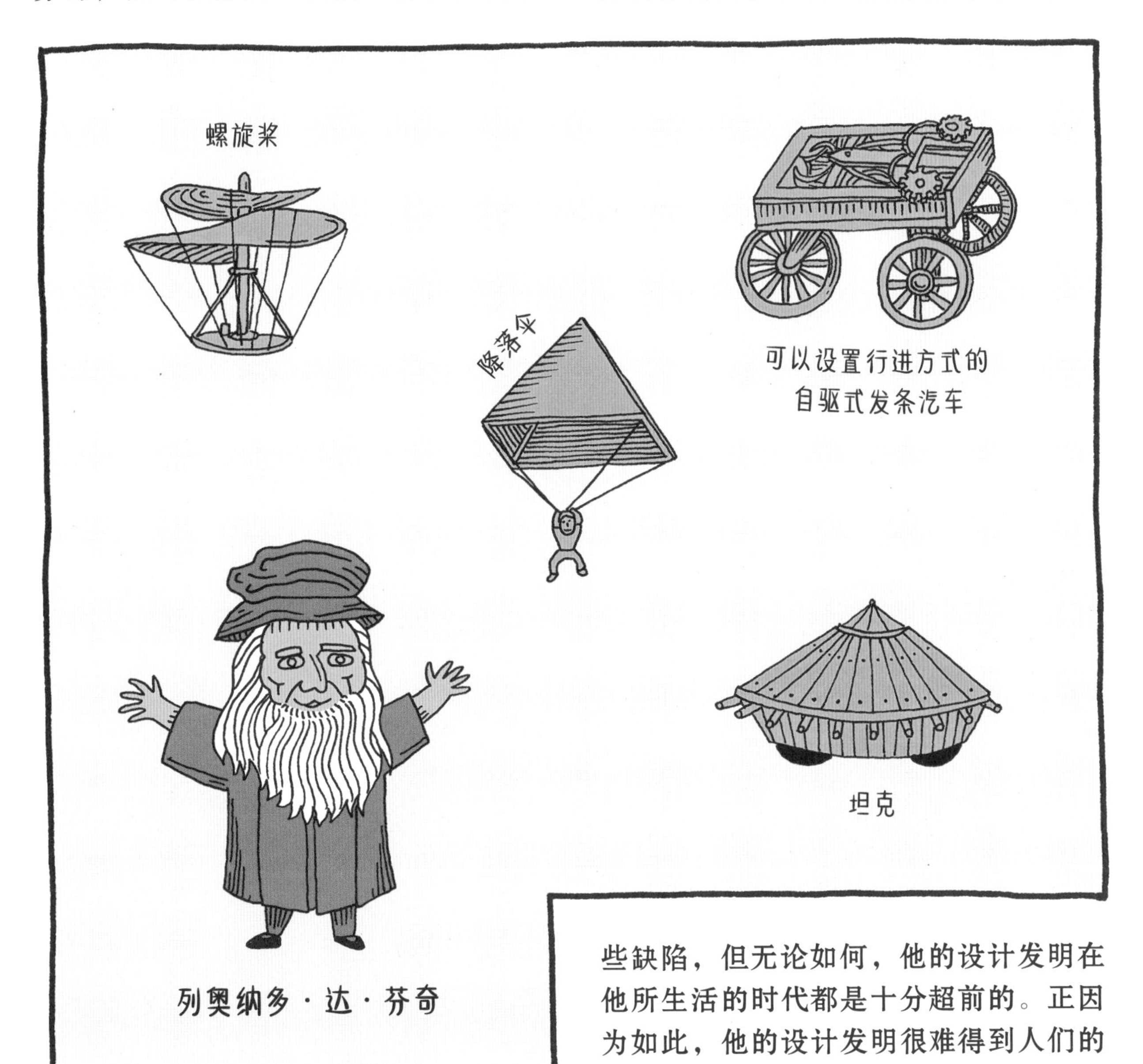

些缺陷，但无论如何，他的设计发明在他所生活的时代都是十分超前的。正因为如此，他的设计发明很难得到人们的认同，更不要说能符合当时的生活需要

了，没人认为（也许发明家本人也不认为）必须要将所有这些发明都制造出来。在那个时代，达·芬奇被人们当成是疯子。但是到了现在，人们毫不否认，很多发明的灵感都源自于他的设计和想法。如果达·芬奇在那个时代放弃了自己的创想和努力，那今天的世界会是什么样的呢？

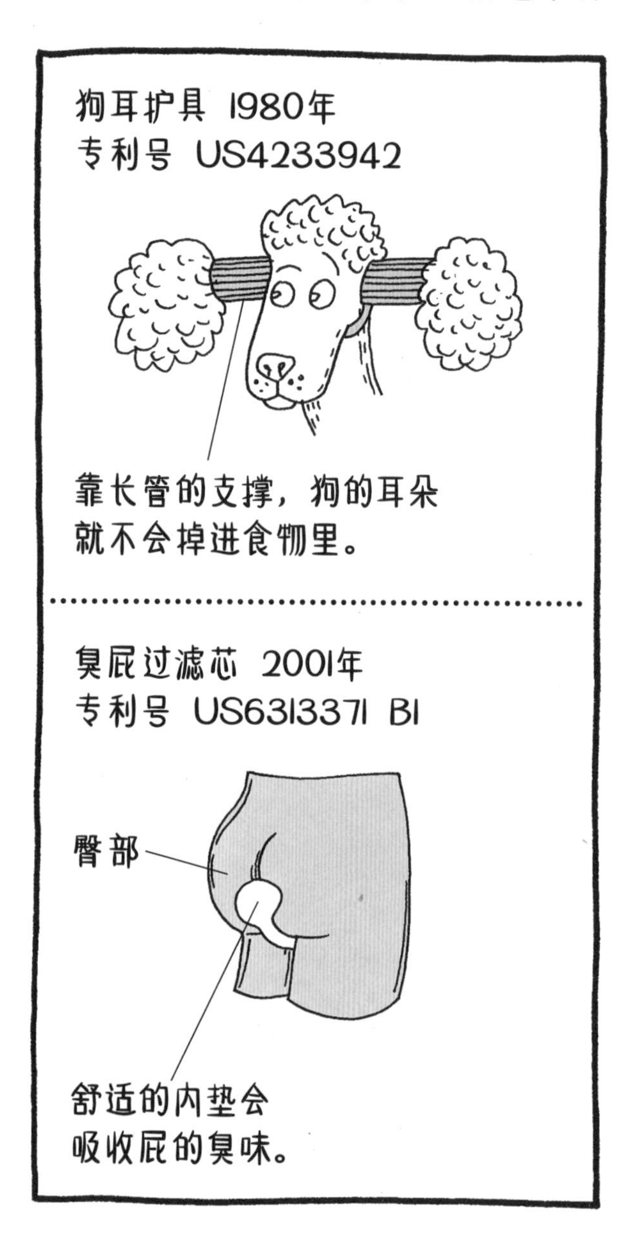

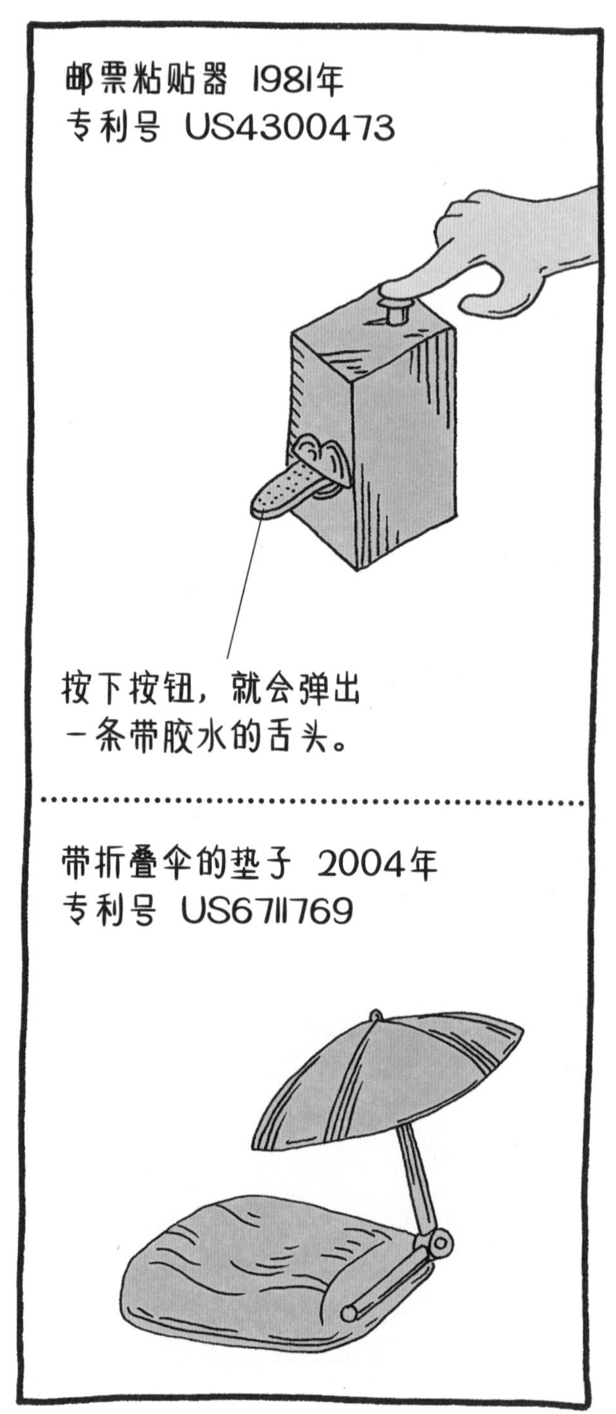

在这本书中，你能找到很多具有相似特点的创想家。你可能会对他们的发明赞赏有加，也可能会对他们的发明付之一笑，因为有些人的想法非常绝妙，

而有些人的想法确实可笑。但是，所有这些发明都见证了他们的灵感、激情和坚持不懈的努力。试想，如果没有这些人，世界将会多么无趣！如果这些发明都变成了现实，世界又会是什么模样？

一旦发明成功后，你该做什么？请立即去专利局申请专利！那里的工作人员会对各种发明进行评估。所有去申报的发明并不需要具有划时代的伟大意义（不管是机械玩具，还是载人火箭，都可以申报），条件是：必须具有原创性、功能性，并且能够被开发制造。如果满足了这些条件，这一发明就会被认定为专利，也就是在规定的时限内（中国的发明专利权期限为20年），发明人可以独享这项发明的权利。在此期间，发明者可以制作、出售甚至转让自己的专利。而那些超过专利保护期的发明，任何人都可以免费使用，以利于整个社会的科技进步。

古代的感应器

公元1世纪

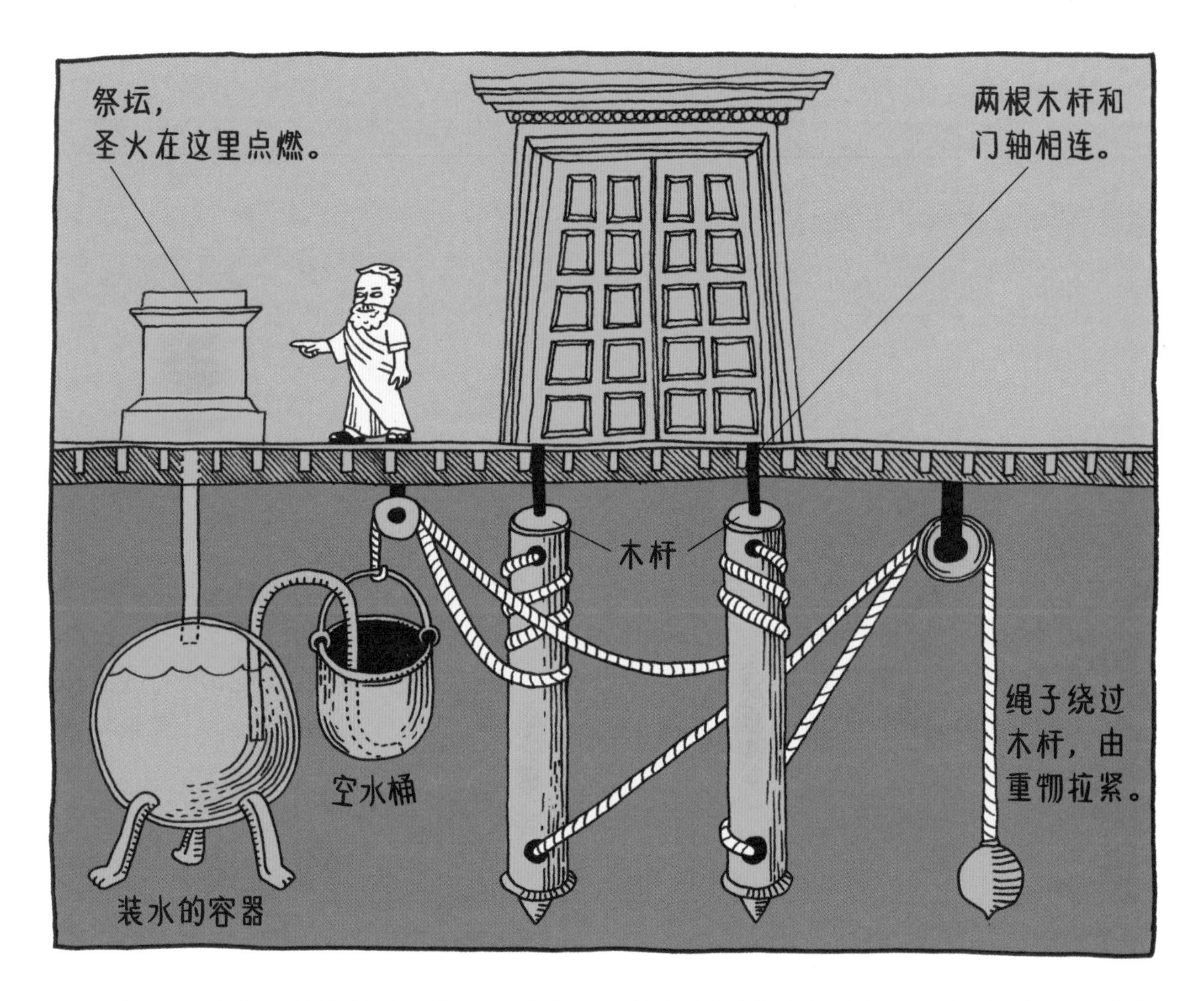

今天，无论是商场还是办公楼，或者是火车站和机场，这些地方的大门很多都能在人们接近时自动打开。对于这种司空见惯的现象，大家早已习以为常，因为人们都清楚这并不属于超自然现象，而是大门上安装了微波或红外感应器的缘故。

可是在2000年前又是怎样的情形呢？那时的人们，无论是谁看到能自动开关的门都会十分惊讶。他们会觉得，神庙的大门一定是被祭司召唤来的神打开的。一个叫赫伦的人，出生于亚历山大城，是当时希腊著名的数学家、物理学家、发明家和工程师，他发明了一种开门的自动装置，并写下了它自动开启的运作原理。

一桶水、两根木杆和几米长的绳子，就是古代祭司和守门之神的秘密。

1. 用火加热祭坛。
4. 门就被打开了。
2. 热空气膨胀，将容器中
的水挤压进水桶。
3. 装满水的水桶下降，拉紧绳子，
使木杆和门轴转动。
当火熄灭后，水桶中的水会被吸回到容器中。
水桶空后就变轻了，于是绳子就会被另一边的重物拉紧，
带动木杆反方向转动，这样门就被关上了。

这些人真傻！
这是在玩什么
把戏呢？
哈哈！
门自动开啦！

他们为什么
那么激动啊？
我觉得这纯粹是
个骗人的把戏。
怎么可能？！
是神在召唤
我们进去吗？

大飞龙

1647年

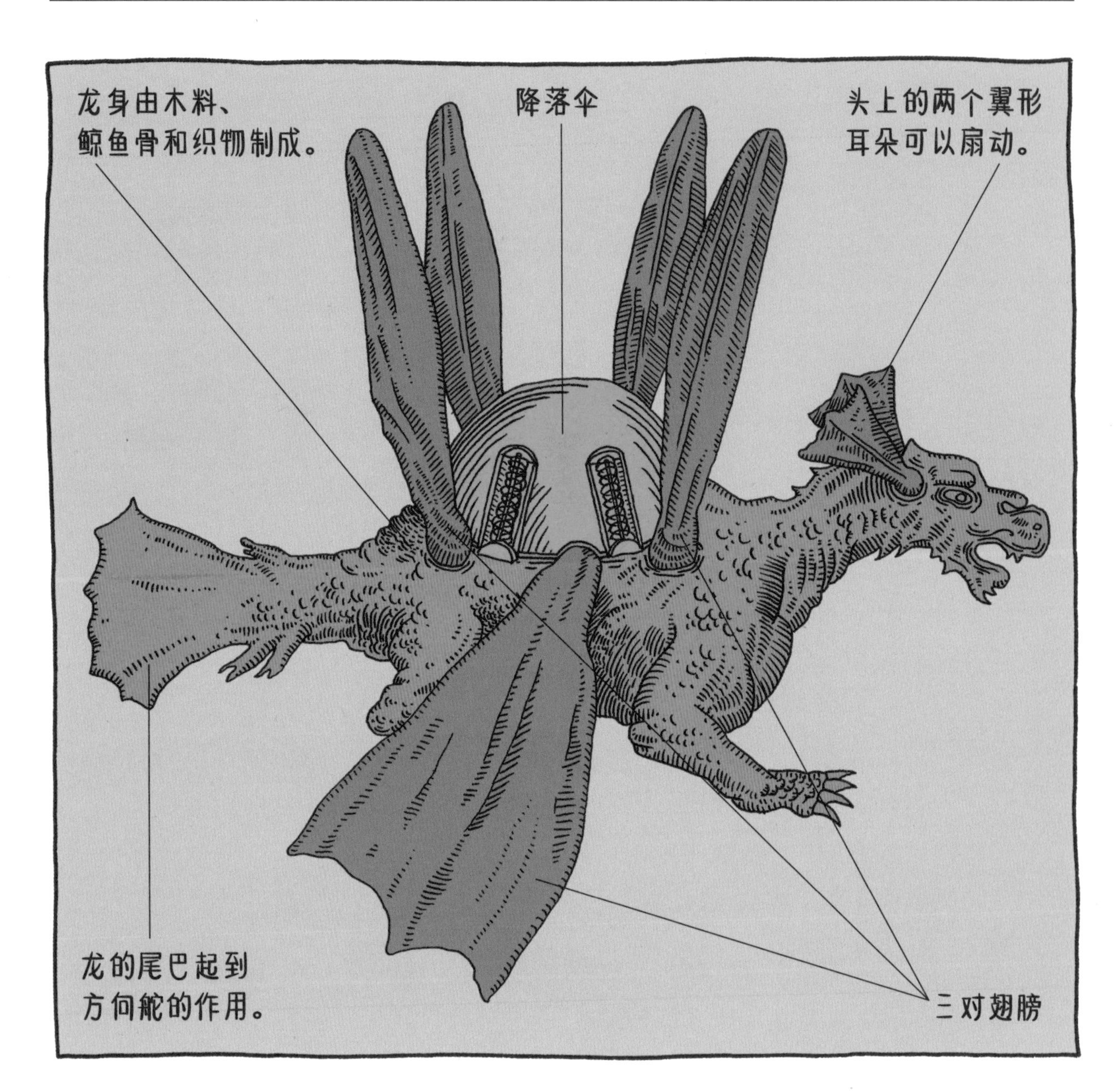

1647年2月的一个寒冷清晨，在华沙王宫的上空出现了一条龙。

这可不是什么神话传说，而是天上真的出现了一条龙——一条机械龙！它长约1.5米（也许和真的龙差不多），轮子、杠杆和弹簧组成了它的动力装置。

这条机械龙是由提托·李维欧·布拉提尼制作而成的，他是意大利的科学家、工程师和发明家，当时居住在波兰华沙。按照布拉提尼的设想，他准备制造一个巨大又复杂的飞行器，而这条飞龙只是他设计的一个小模型。为了颂扬国王拥有至高无上的王权和宏图大志，布拉提尼为当时的波兰国王瓦迪斯瓦夫四世精心准备了这场表演，并因此获得了国王赏赐的500泰勒银币（数额相当可观）。

飞龙上有指南针。

指南针可以辨别方向。

这条飞龙只采用了简易的动力装置就成功升空，第一次表演时，上面还坐着一只猫。但糟糕的是，在第二次表演时，它的某个部件突然失灵，从高空中直接坠地，再也没能飞起来。这次失败后，布拉提尼并没有因此灰心丧气，而是继续埋头改进他的发明。

然而，大飞龙可能最终也没能被成功制造出来。就算是被制造出来了，估计也没能成功飞离地面，因为它的自重实在是太重了。

天啊！一只猫
坐在飞龙上？
去死吧，
丑八怪！！！
喵……
怪兽绑架了
我的猫！
哪里能买到
那家伙？

只需500泰勒银币，
我就能为你们的国王
造一条大飞龙！
我不知道……
哦，谁想要一条
飞龙呢？
我可不想要。
500泰勒银币
不如给我。

冒泡的信息

1809年

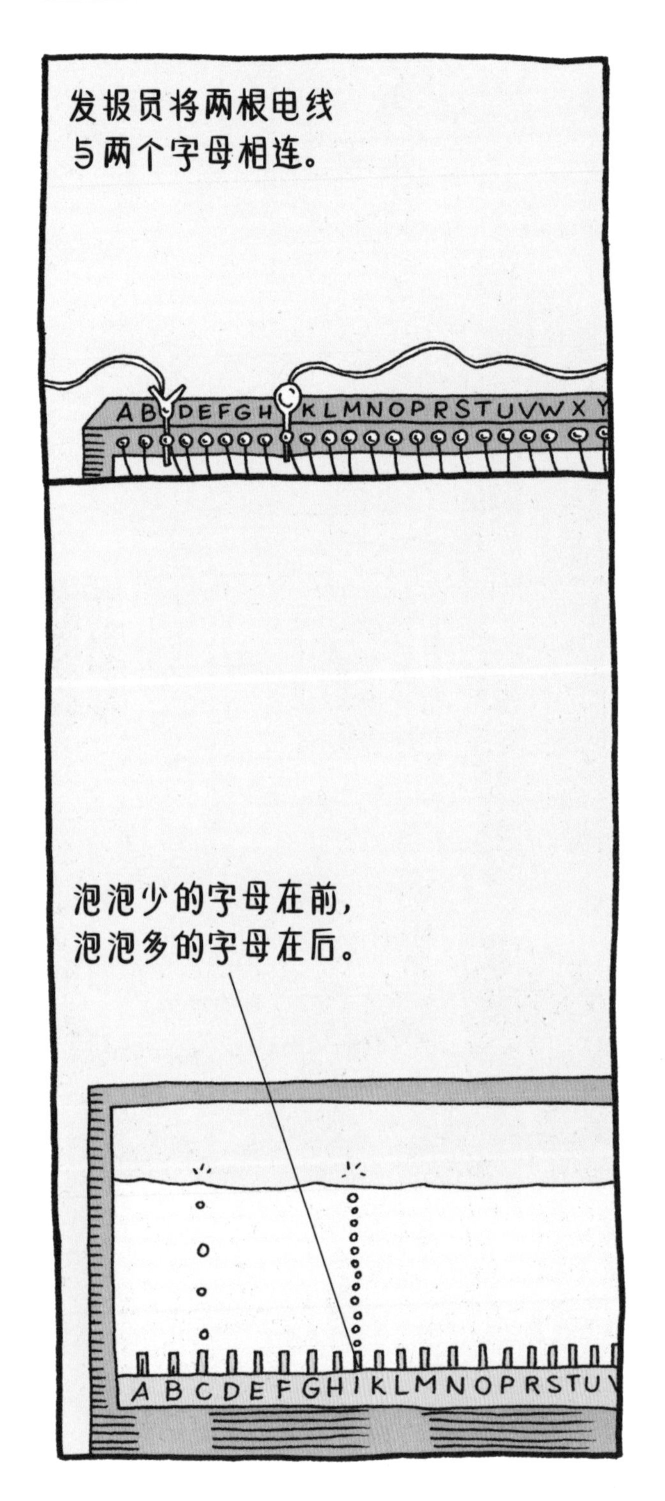

这是一台不可思议的装置，解读它所发出的信息，必须要目不转睛地盯着一个随时会冒泡的大水缸，并及时记录下所有神秘的符号……整个过程会让人感觉到仿佛是有人在施魔法。

然而，事实上，这并不是发生在魔法世界里的事，而是真实地发生在19世纪的邮局里。

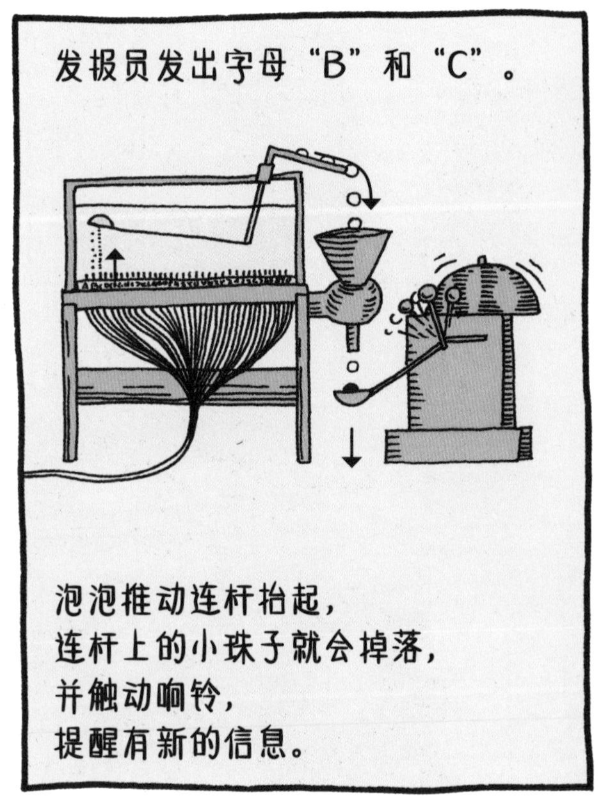

200多年前，来自波兰托伦市的物理学家、医生萨姆埃尔·苏莫林格，设计发明了一台电化学式电报机。这是世界上最早的电报机之一，可能也是最奇

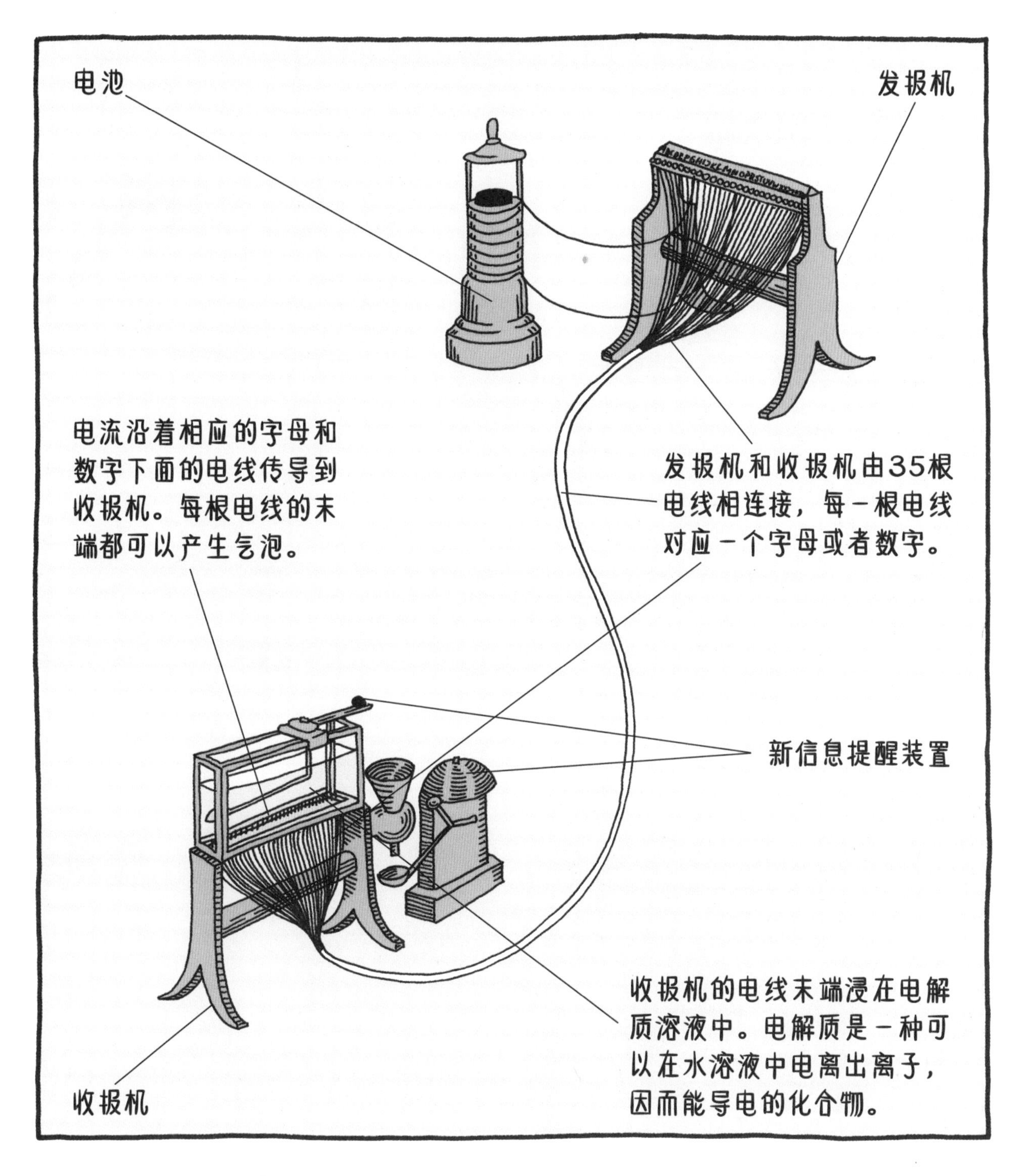

特的远距离沟通方式之一。不过，可惜的是，这项发明最终也没有得到社会的认可。

其中一个原因是，如果发报站与收报站之间相距太遥远，两个站点之间就无法进行沟通；另外一个原因是，读取这样一封电报，所耗费的时间实在是太长了。

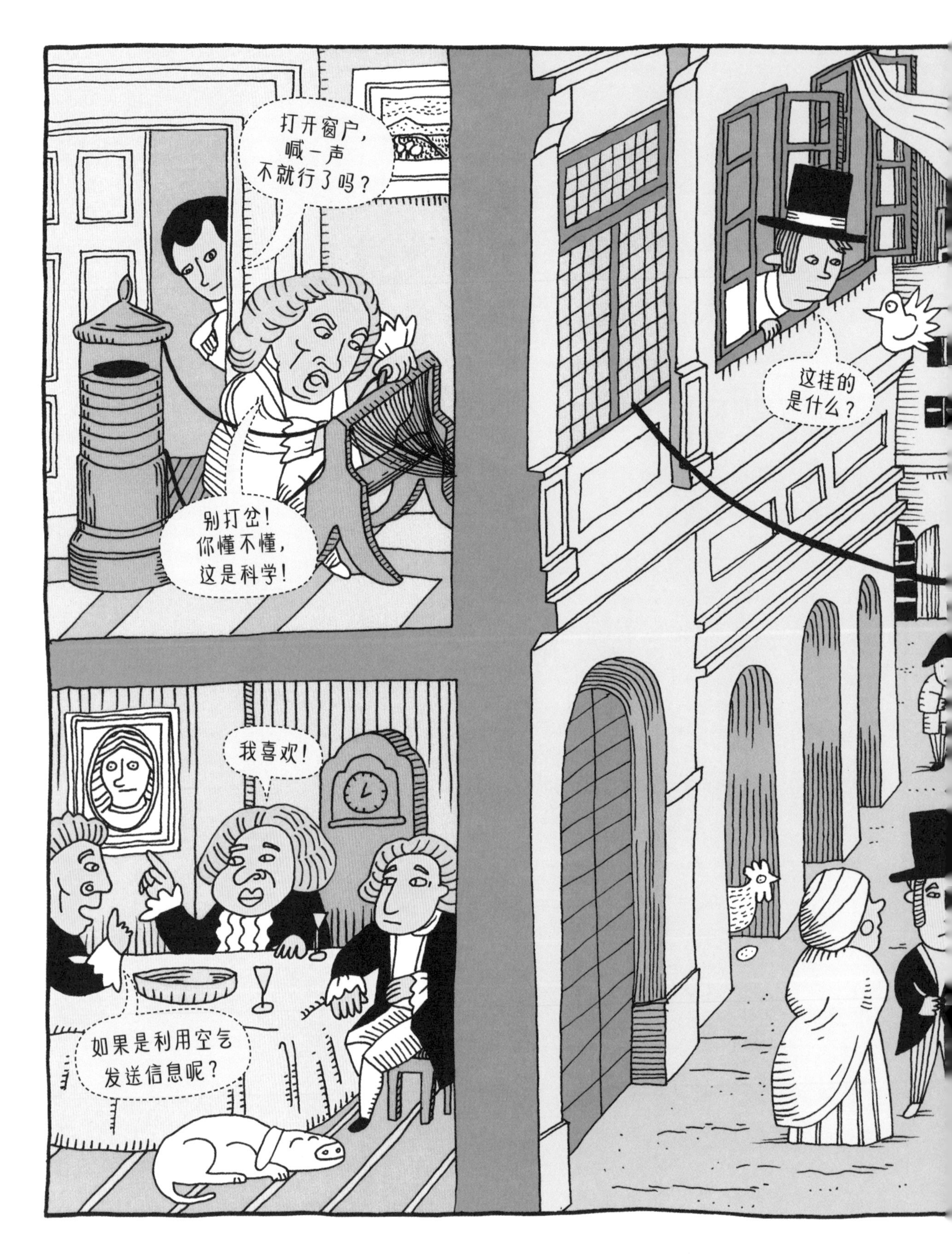
打开窗户，
喊一声
不就行了吗？
别打岔！
你懂不懂，
这是科学！
这挂的
是什么？
我喜欢！
如果是利用空气
发送信息呢？

我有一个带着……
新的
现在是“E”和“G”。
太棒了！
第二首更好。
太有意思了，歌德会选哪首诗呢？
可惜，我们没办法把这些诗迅速发给他。

会旅行的轮子

15、16世纪

把魔鬼的磨盘，还有小仓鼠上蹿下跳玩要的大轮子组合在一起，会是什么效果呢？将这两样东西组合起来，刚好就是马克西米利安一世的座驾的样子！

500多年前，他曾统治着半个欧洲。他非常喜欢巡游，但是，长时间的奔波让他厌倦了乘坐马车。于是，他萌发了一个主意——设计一辆完全靠人力驱动的巨轮车。

想到这样一辆巨轮车，这位皇帝兴奋不已，而他的臣民们却感到十分惊讶，甚至感到恐慌。

事实上，这辆想象中的巨轮车根本就不可能在现实中行驶。这个设计最终也没有付诸实施，我们只能从著

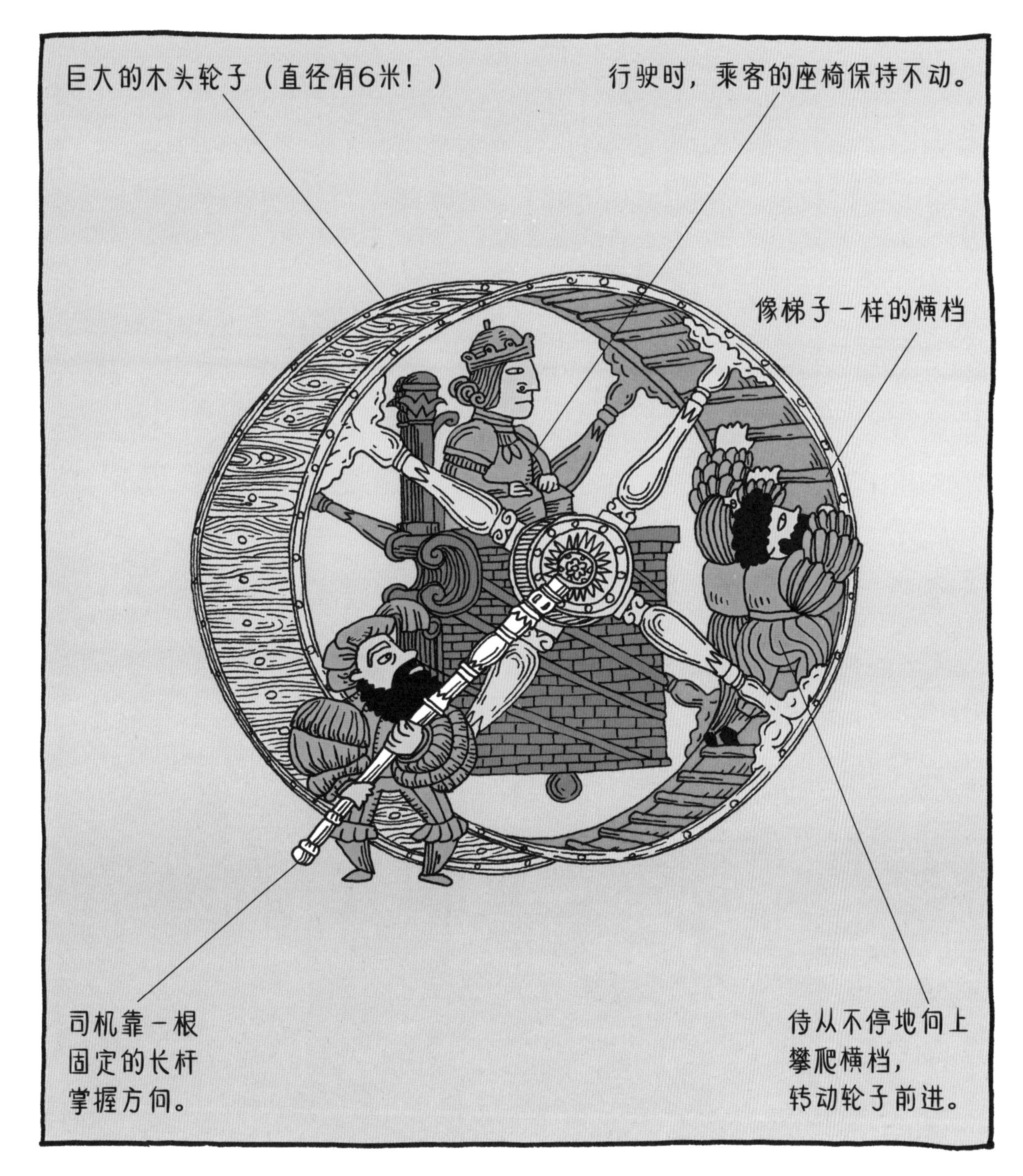

名画家阿尔布雷特·丢勒的画中，看到这个奇怪的巨轮。

让我们来想象一下，如果在今天的高速公路上，看到有这样一辆巨轮车正在平稳地行进——妈妈坐在座椅上，爸爸开着车，孩子们像小仓鼠一样在轮盘上欢快地奔跑，我们肯定不会觉得旅途很无聊吧！

哎呀，忘装
刹车啦！

今天该你削土豆了。
我才不干！昨天是我喂的鸡！

“机械”棋手

1769年

如今，看到会下国际象棋的机器人，早已不算是什么新鲜事了。在20世纪90年代，世界国际象棋冠军加里·卡斯帕罗夫就败在了IBM公司制造的超级计算机——“深蓝”手下。

其实，下棋机器人的前辈早在18世纪就出现了，它的名字叫作“土耳其行棋者”，曾经风靡了整个欧洲。这个机器人的制造者是匈牙利的发明家沃尔夫冈·冯·肯佩伦。

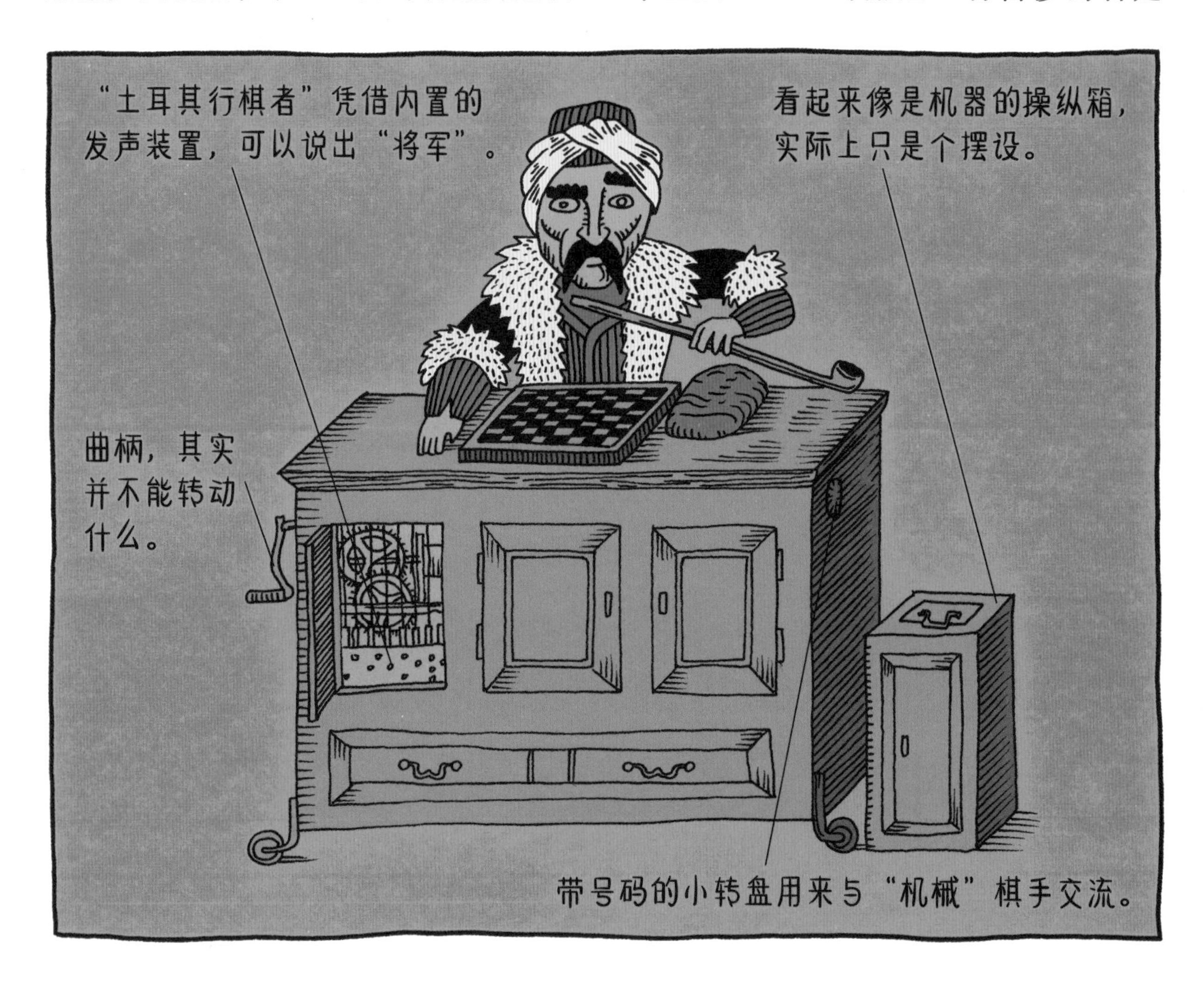

在奥地利女大公、匈牙利和波西米亚女王——玛丽娅·特蕾莎的宫廷里，肯佩伦首次展示了这个机器人，立即就赢得了王国“最伟大的发明家”称号。

肯佩伦和他的后继者，打着“会

思考的机器”的旗号，带着“土耳其行棋者”在欧洲各地巡回表演。那时，所有的国际象棋爱好者（甚至包括拿破仑·波拿巴），都想与之较量局。显而易见，这是一个完美的发明。但是，如果人们仔细琢磨一下，似乎又有很多可疑之处。

得到丰厚报酬的神秘象棋高手并没

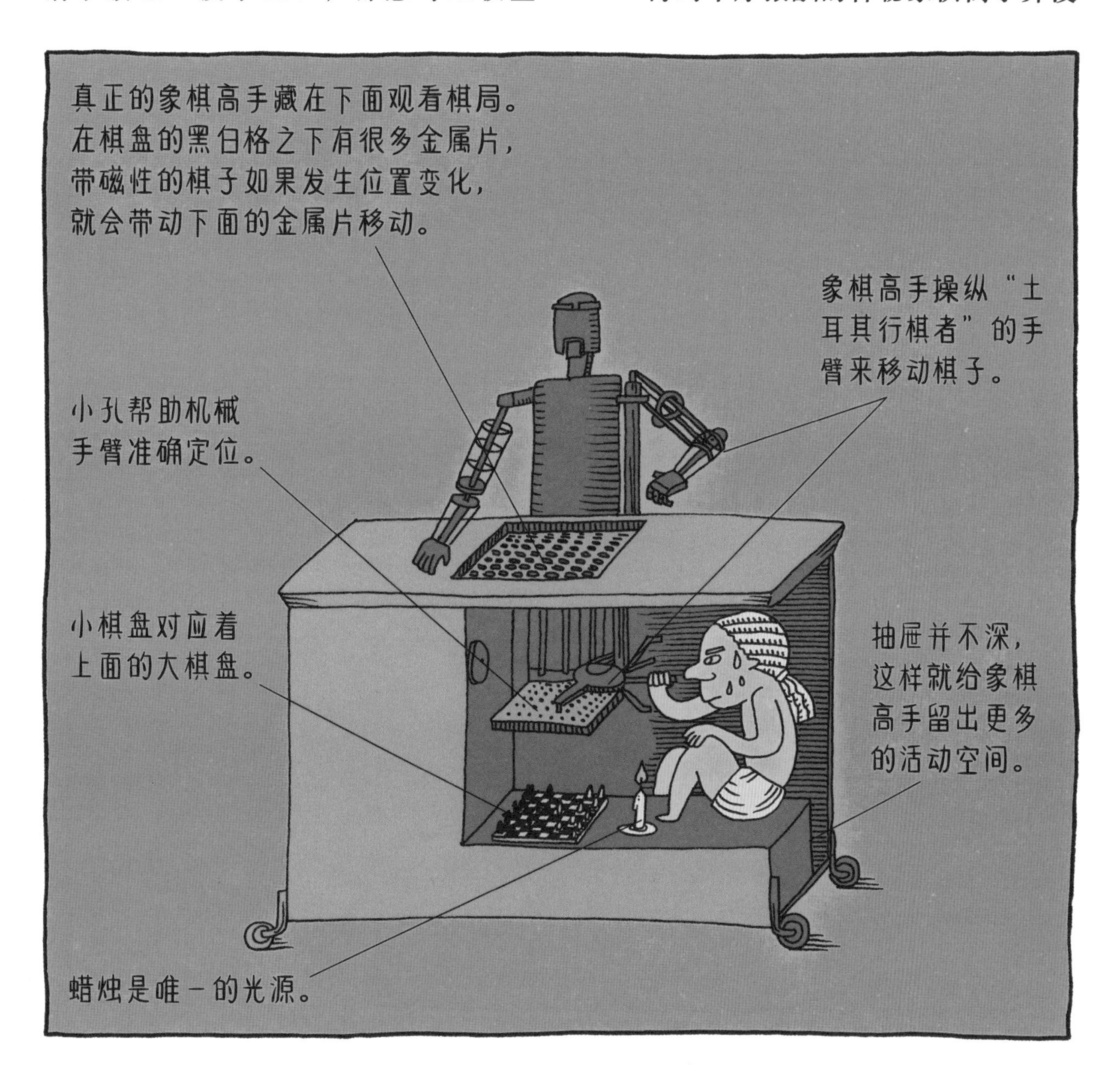

一下。

它战无不胜，与它对弈的棋手几乎全部战败而归。在有记载的300场对弈中，“土耳其行棋者”仅仅有6场败有向公众透露过这个天才“机器人”的运行原理。直到1843年，一家法国报纸揭穿了这个“会思考的机器”的大骗局，真相才终于大白于天下。

拿破仑本人好像要比
画像上矮一些啊！
陛下好像
不在状态。
嘘……
别那么大声！
这肯定是
魔鬼的骗局！
下一招是杀棋，
拿破仑就要输了。

杀招刚刚开始。
机器会赢了这位自封的法国皇帝吗？
将军！
烦心！都是败给俄国人闹的！
得假装给“行棋者”拧拧发条了！

载客鸟

1709年

300多年前的一天，葡萄牙国王若昂五世收到了一封十分有趣的来信。写信的人名叫巴尔托洛梅乌·德·古斯芒，是一位来自巴西的科学家。他在信中描述了一个名为“大鸟”的飞行器，并附上了他绘制的草图。这位科学家恳请国王资助他建造这个飞行器，并给予他一些特殊的权利，这些

在巴尔托洛梅乌着手建造飞行器之前，
他为国王准备了一场特别的演示。
正是这场特别的演示，
让我们推断出“大鸟”
可能是最早期的热气球之一。

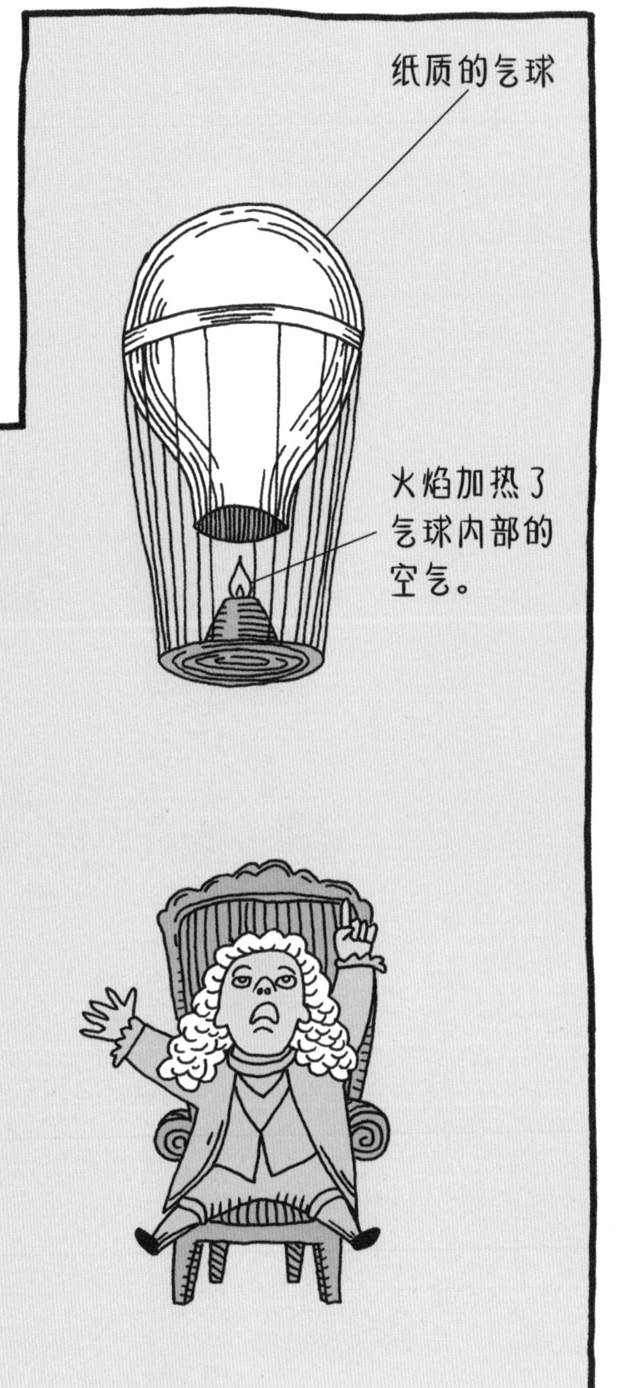

权利类似于我们今天所说的专利权。他还强调，一定要严格保守飞行器建造的秘密，他并没有在信中披露所有的细节。也许正因如此，直至今日，世人也无从得知这些细节。

当时，国王不假思索就同意了。其实，这也不足为怪，因为这只“大鸟”的设计的确超越了以往的飞行器，是造型最为漂亮的一个。

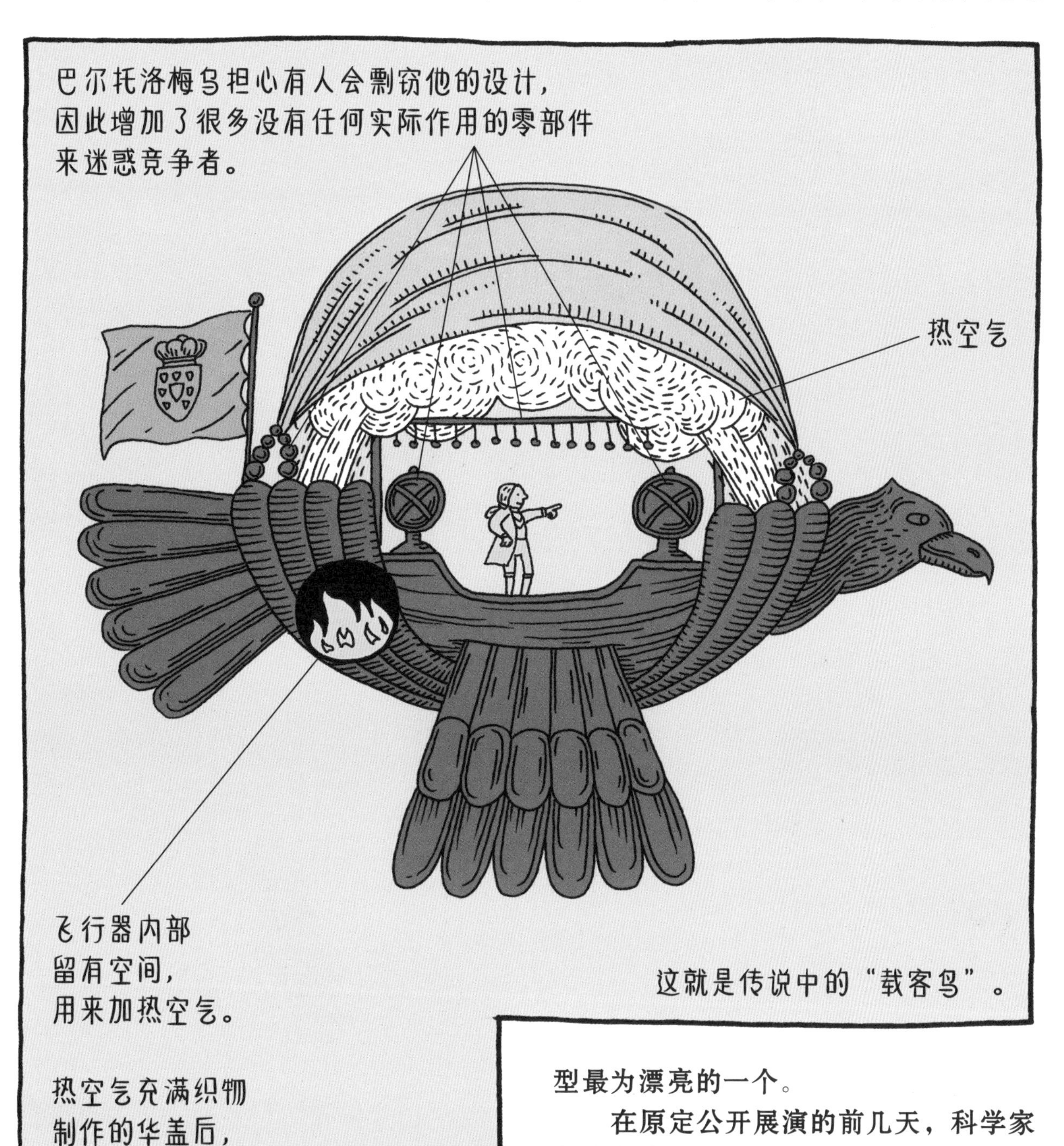

在原定公开展演的前几天，科学家却突然提出取消活动。他为什么这么做，至今没人知道。

船长！如果一切都是
真的，那就太美了！
等着吧，74年
以后就会成真！
这东西怎么看起
来跟我一样？

这些球是干
什么用的啊？
不好，该怎么
转弯啊？
哎呀，
如果真的成功了，
那该多美啊！
我宁愿待在
地上幻想。
你试过特技
飞行吗？
没有，
你要做什么？

自助造云机

2012年

想想看，谁会需要一部影响天气的机器呢？这种机器迟早有一天会派上用场，因为环境污染使保护地球的臭氧层越来越稀薄，太阳光越来越强烈地照射在我们的星球上，冰川逐渐融化，海平面慢慢上升，地球的气候也将随之发生根本性的改变。

云，对于地球来说就像是遮阳伞，但天空中并不是总有云层遮蔽。基于这一点，身居美国的波兰裔艺术家卡罗琳娜·索贝卡，动手设计制造了一台自助造云机。

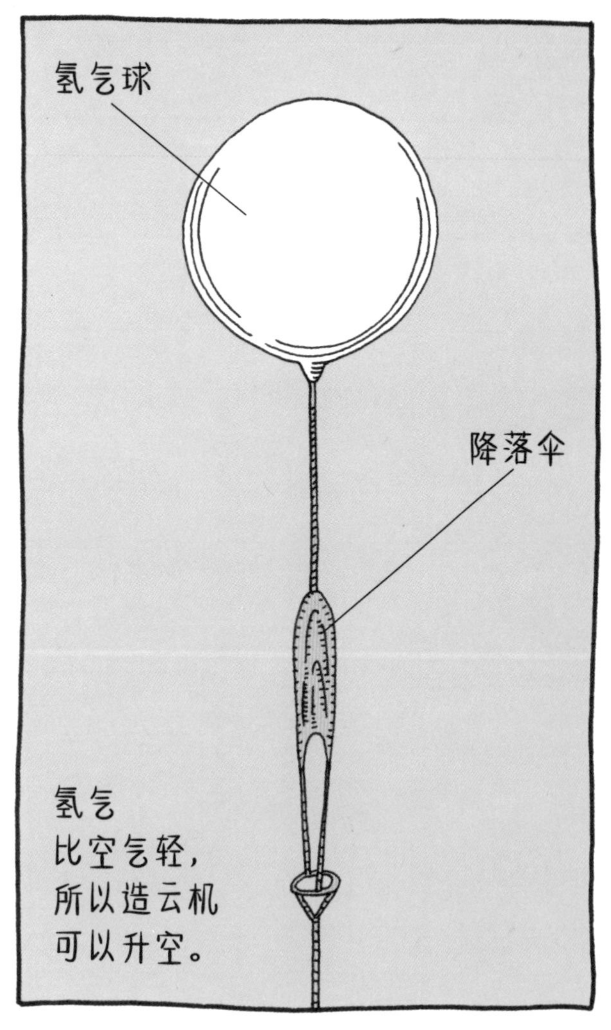

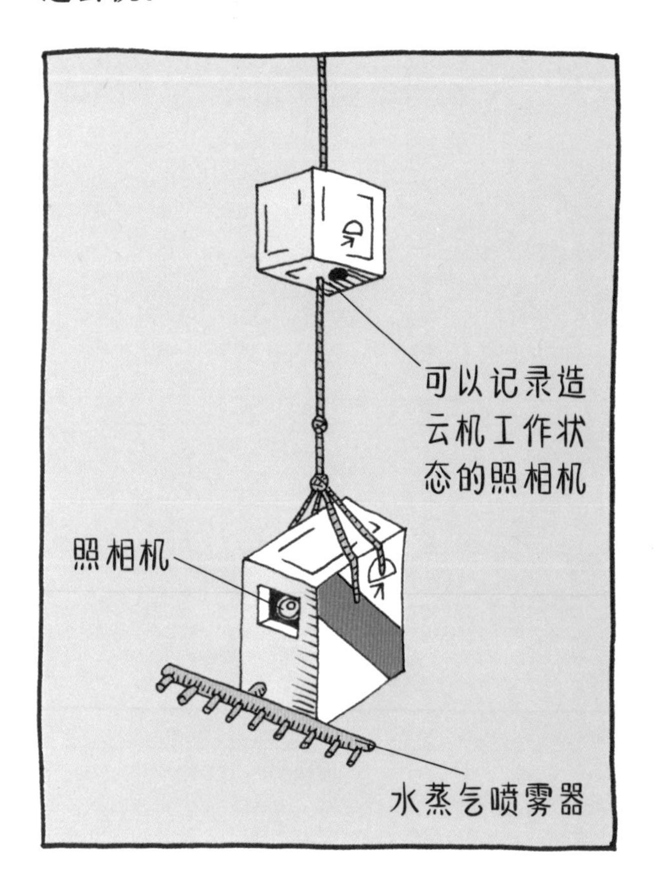

现在，任何一个关心地球环境的人，都可以在晴空万里的日子里，自己造出一片云，做一个拯救地球生态环境的英雄！

但是，如果人们还想要定制各式各样的、能遮蔽日光的云，比如卷云、积云和层云等不同形态的云，发明家就还需要不断改进自己的发明。

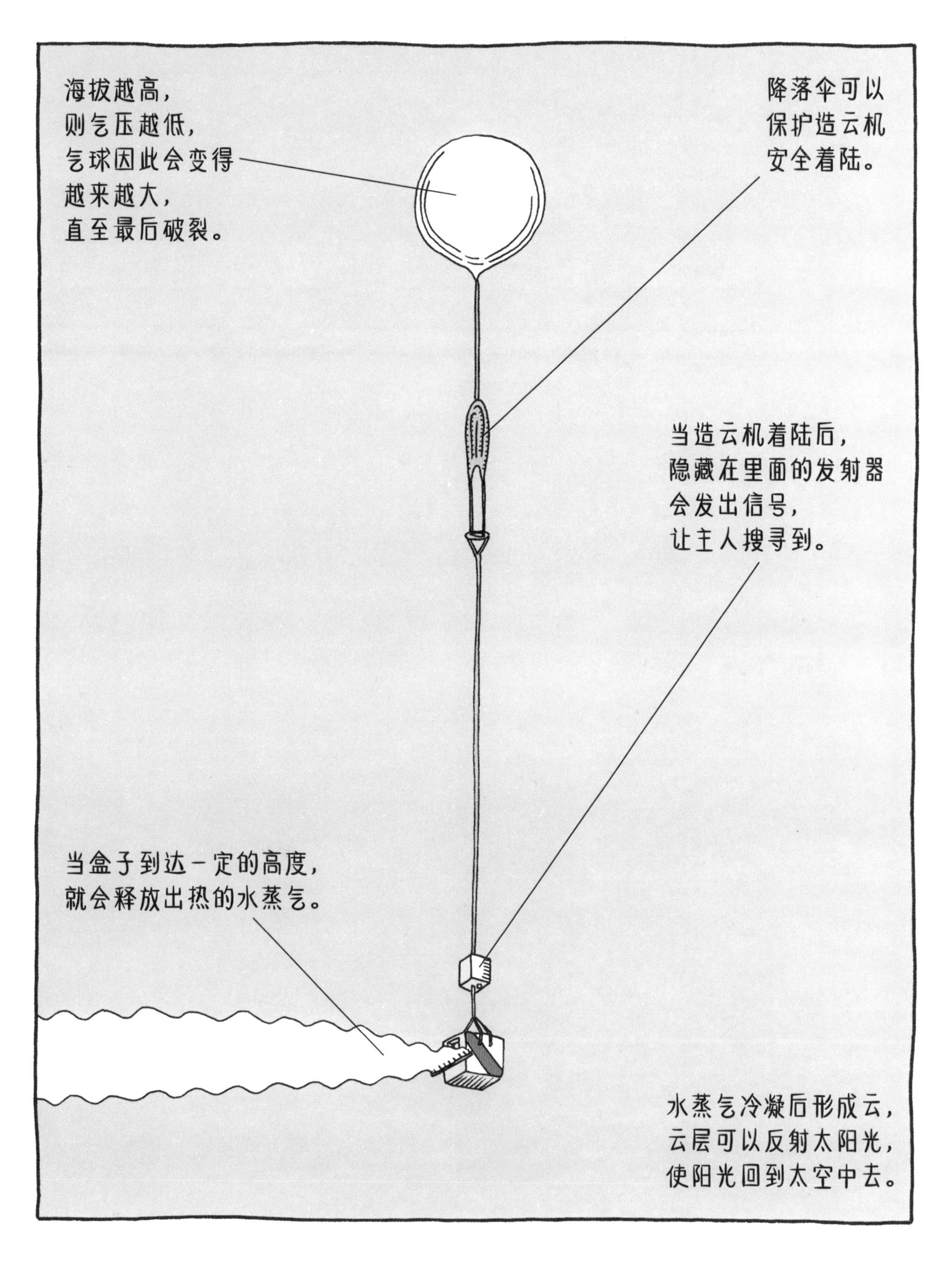
海拔越高，
则气压越低，
气球因此会变得
越来越大，
直至最后破裂。
降落伞可以
保护造云机
安全着陆。
当造云机着陆后，
隐藏在里面的发射器
会发出信号，
让主人搜寻到。
当盒子到达一定的高度，
就会释放出热的水蒸气。
水蒸气冷凝后形成云，
云层可以反射太阳光，
使阳光回到太空中去。

我晒得像个
黑人。
看出来了。
这位女士，我们
这儿不需要云朵。
现在的毯子
越做越小了！
GGGGG

亨利，你在
哪儿啊？
我晒成古铜色
显得更帅！
真无聊啊……

古老的水钟

公元前3世纪

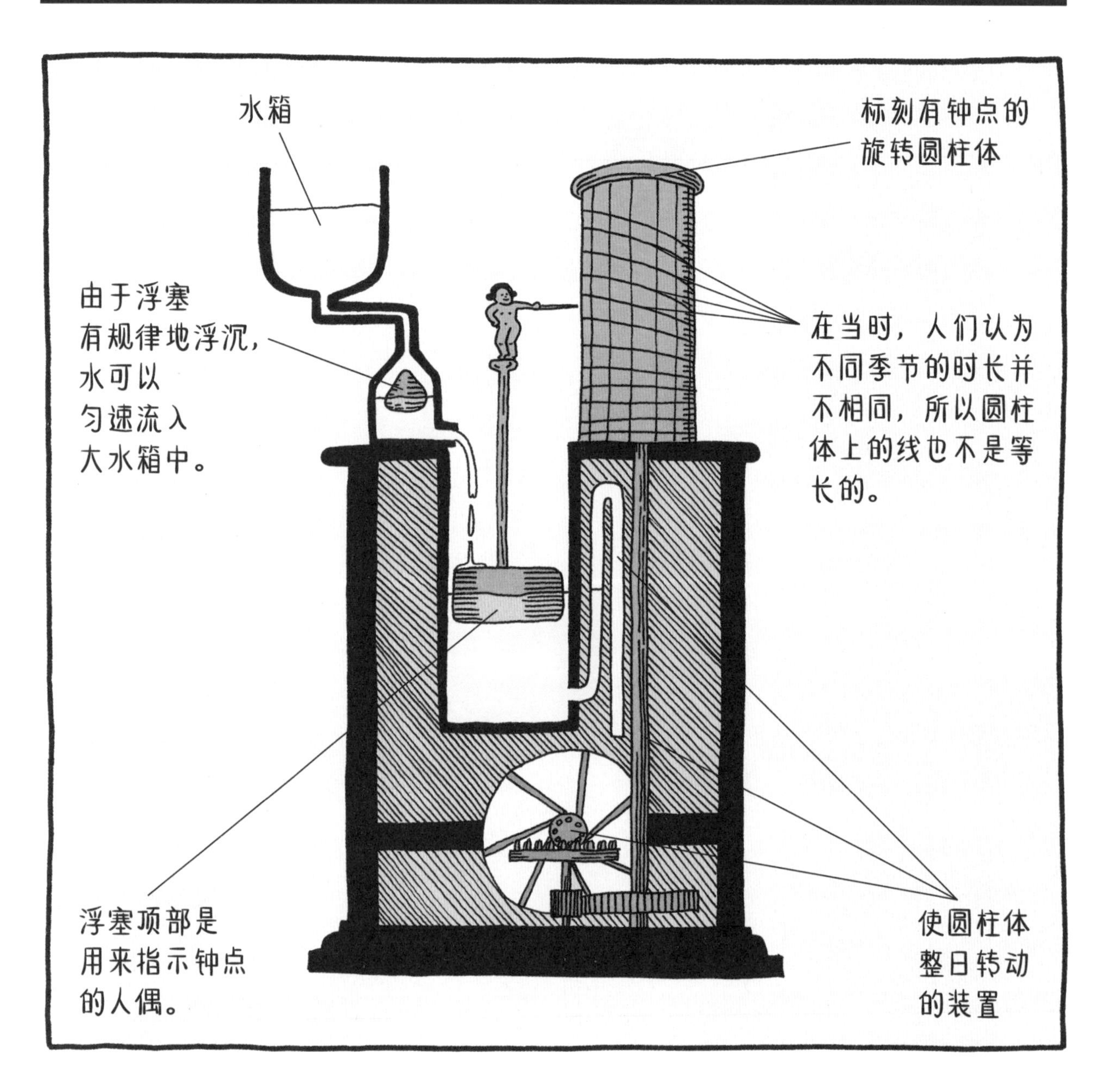

俗话说，时光如流水。你可知道，时间与流水互为比喻，并不是凭空想象，偶然得来的。

据记载，在非常遥远的古代，人们就已经开始使用水钟，借助水的流动来记录时间。

因为那时候还找不到让水完全匀速流动的办法，所以，古老的水钟并不十分准确。直到2300年前，亚历山大城的发明家克特西比乌斯制造出了一台非常复杂也非常精准的水钟。

后来，人们在克特西比乌斯的发明基础上，又给水钟加装了各种特殊的零件，让浮塞在抬起的时候能够驱动某些自动装置，比如让水钟可以响铃报时，或者让有趣的活动木偶转动起来。

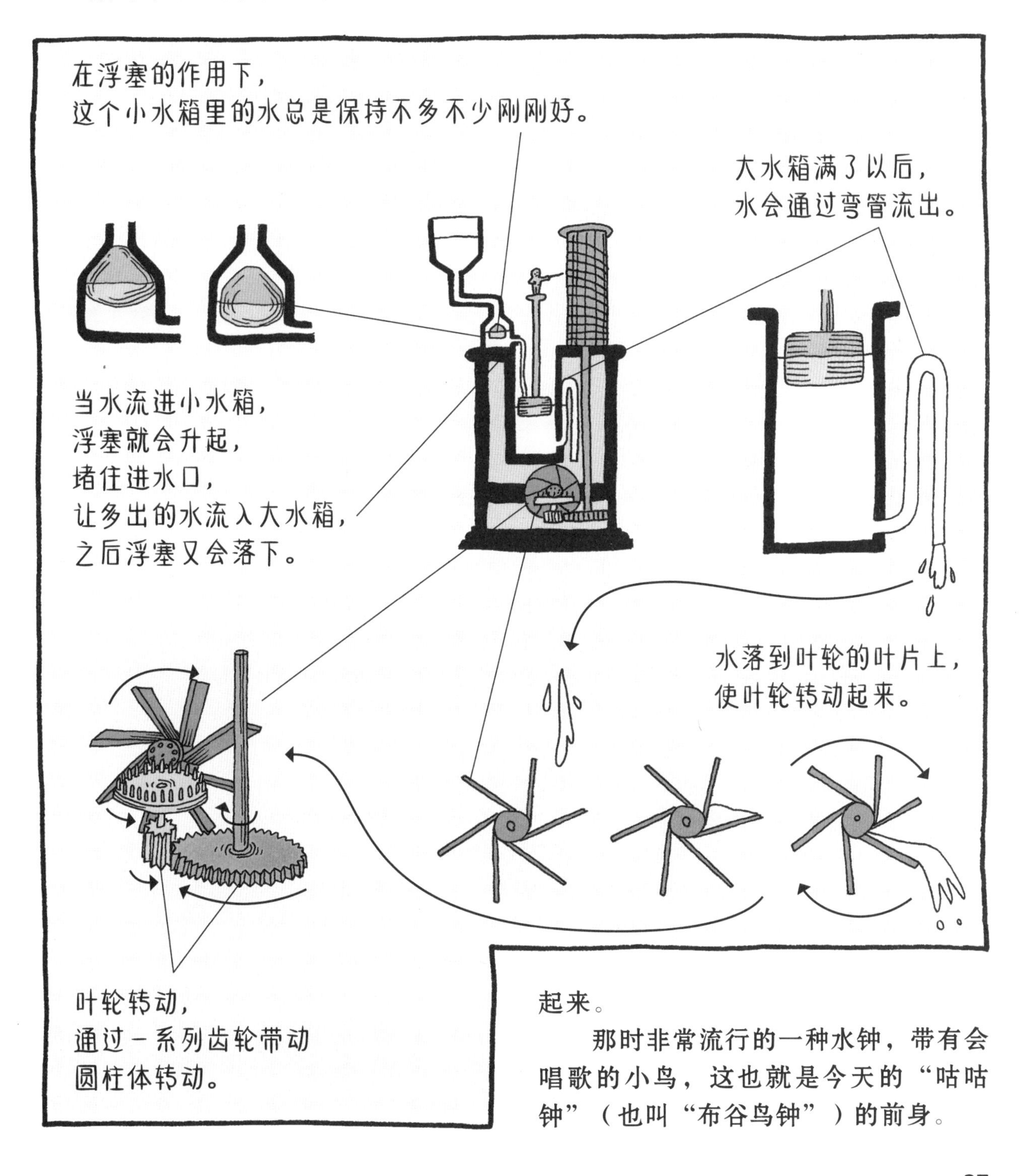

那时非常流行的一种水钟，带有会唱歌的小鸟，这也就是今天的“咕咕钟”（也叫“布谷鸟钟”）的前身。

谁去把他叫醒？
要不我怎么干活啊！

再多一些
恐惧感!
我能坚持
一整天!
谁能给钟加些水啊?
我感觉它停了。
先生们,
再坚持一小时!
然后,我们还要
雕刻这条蛇。
我将永垂不朽!

风帆车

约1600年

17世纪初，在北海沿岸，如今荷兰的沙滩上，每当有风的时候，就能够看到风帆车行驶的景象。

风帆车，是将风帆与车架连接起来的一种车辆。它是由那个时代最伟大的学者，荷兰工程师、数学家西蒙·斯蒂文，根据毛里茨·奥兰治亲王的要求而设计制造的。

这是历史上最早的借助大自然的力量（风力）作为动力的陆地交通工具，完全不再需要借助马来拉动。

而且，在那个时候，风帆车就可以达到令人吃惊的时速50千米，速度是马车的3倍。

风帆车的第一次行车试验并没有成功，它被一阵突如其来的强风一下

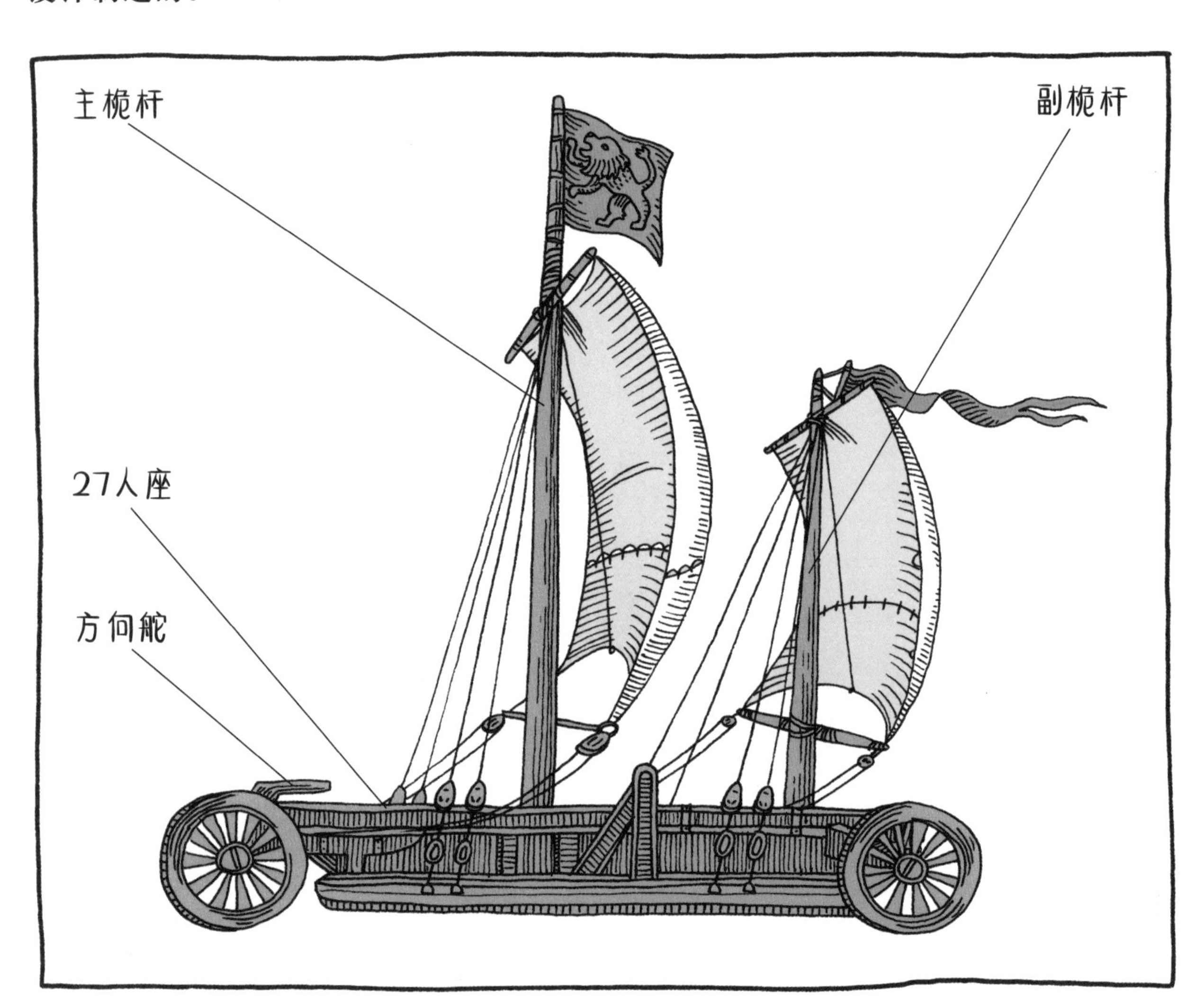

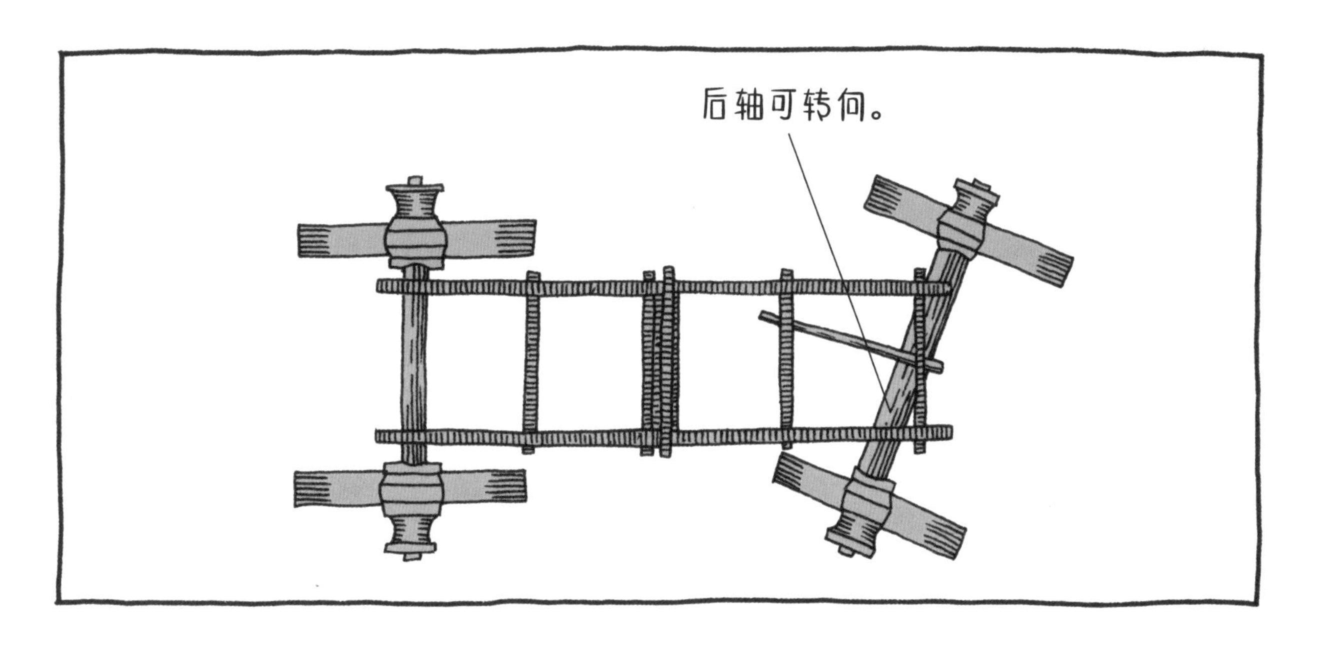

子吹倒了。在这次试验之后，发明家认真总结经验教训，又设计增加了压载重量，使车辆在行驶过程中能够更好地保持平衡。

经过这一番精心改造之后，风帆车终于被用作了公共交通工具，往返于两个海滨小镇之间，单程行驶大约需要2个小时。

今天的风帆车是单人车辆，要比它的原型看起来小很多，并且已经发展成了独具特色的陆地风帆运动。

有意思，这车
能捕鱼吗？
我的发明
总是有用的！
下一种车会是什么
样的？烧煤的吗？
哎呀，哎呀！
车真的动起来了！

天啊！车上27个人，
跑得比马还快！
他们在全速前进！
居然没有马？
这不可能！
有轮子的船！
太夸张了！

无线电力传输系统

1905年

是天才，还是疯子？关于尼古拉·特斯拉的争论，一直持续至今。这位活跃在19世纪末20世纪初的美籍塞尔维亚裔发明家，一生中申请了125项专利，并号称成功与外星人取得了联系。

最令人惊异的是，他还提出了关于免费能源的神秘理论。他宣称，他知道如何给地球充电，并能让所有人在任何地点都可以免费使用电能——不需要插座，也不需要线缆，直接从地面获取电能。直至今日，我们也不是特别清楚他的神秘理论。据说，他的研究记录在他死后不翼而飞，不知所终。

有人证明，由特斯拉自己建造的发射塔至少进行过两次实验。实验过程

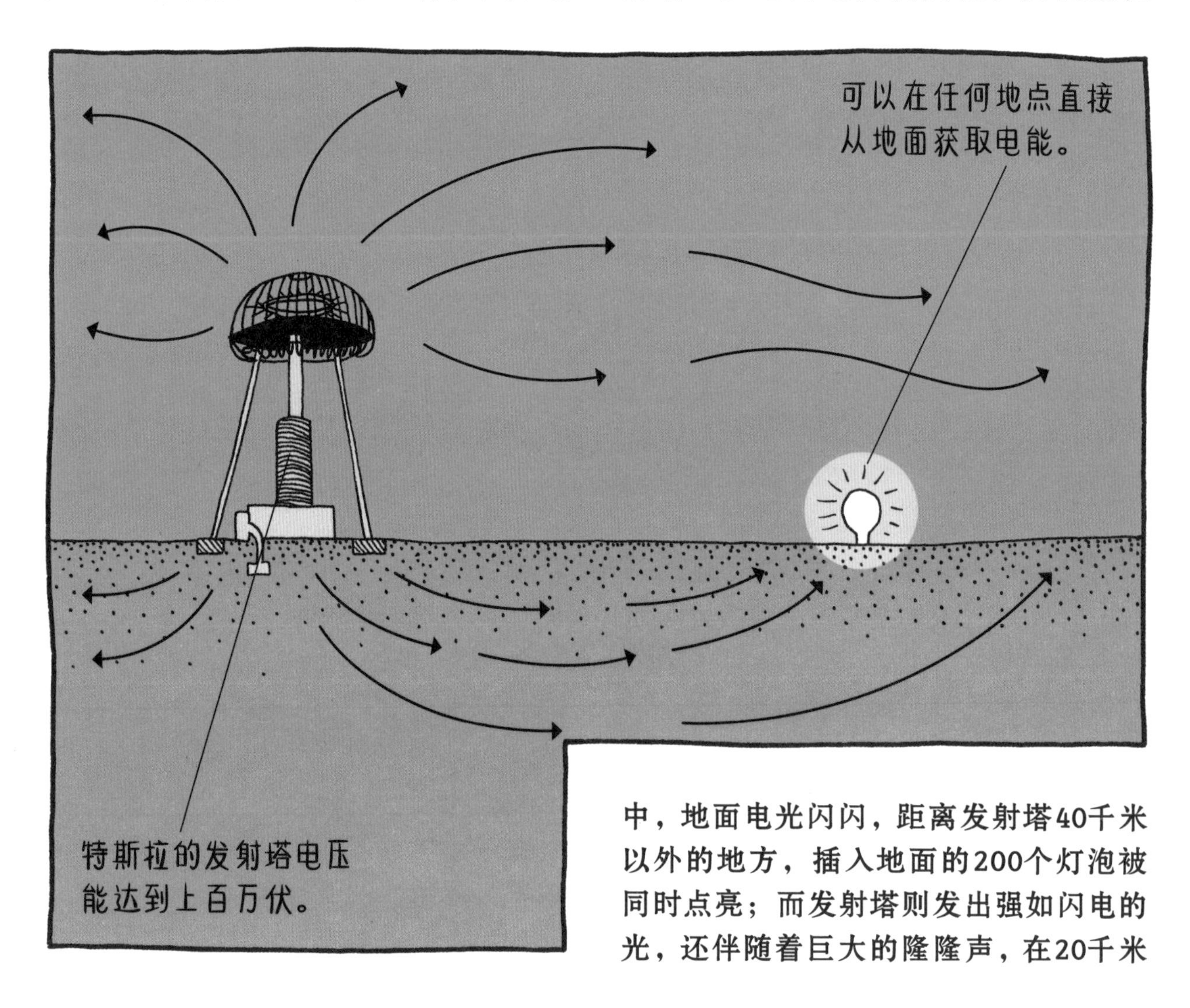

中，地面电光闪闪，距离发射塔40千米以外的地方，插入地面的200个灯泡被同时点亮；而发射塔则发出强如闪电的光，还伴随着巨大的隆隆声，在20千米

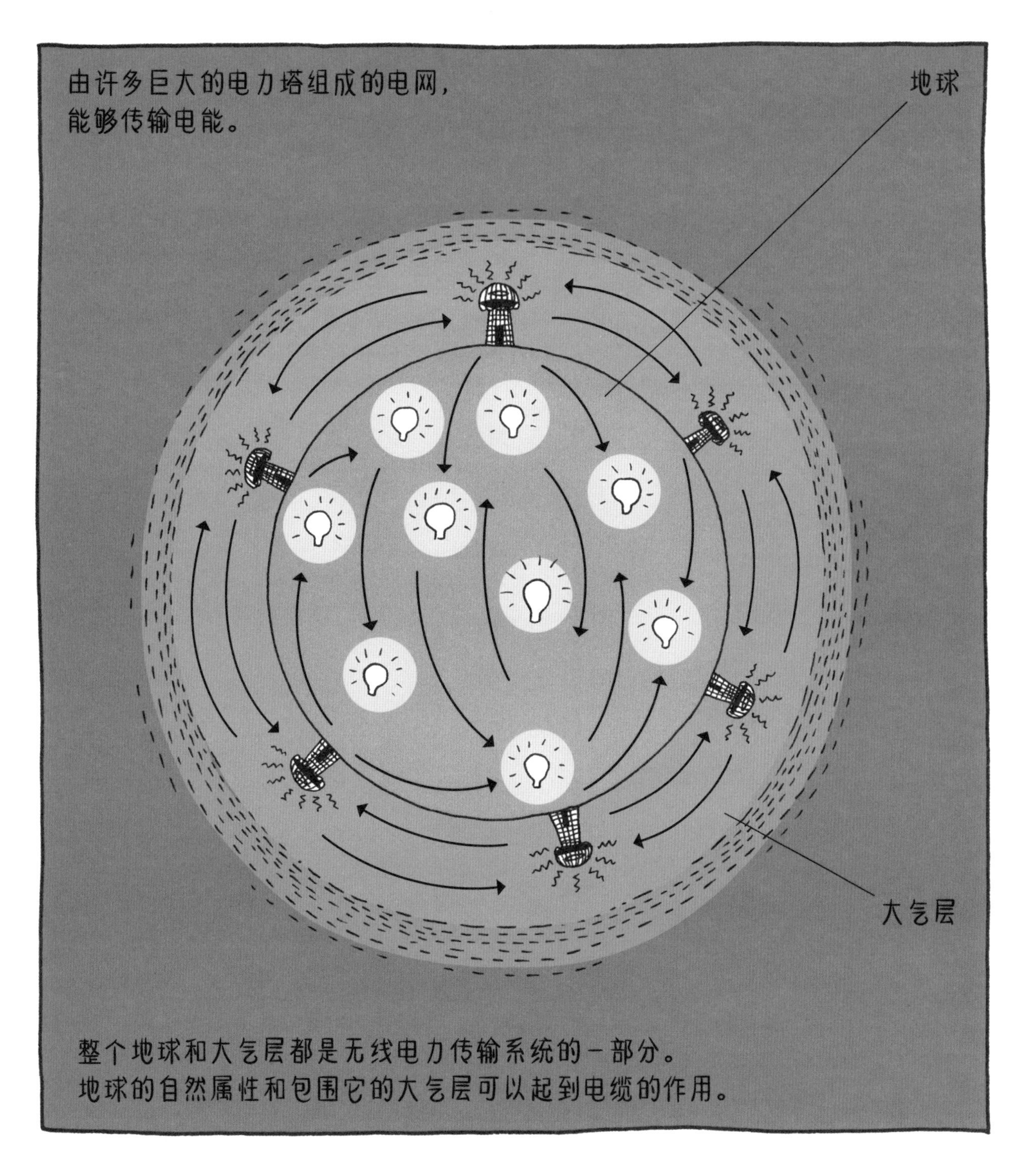

开外的小镇上都能听得到。

在尼古拉·特斯拉的晚年，他被当成一个疯子，并被剥夺了继续做科学实验的权利。最后，他在穷困潦倒中孤独地死去。

也许像某些人猜测的那样，尼古拉·特斯拉是乘坐着自己最后的一项伟大发明——“时光机”去远游了。

砰!

蒸汽马

1876年

在19世纪的街道上，除了有公共马车——早期的、由马拉动的“公共巴士”行驶之外，还出现过一种以蒸汽为动力的车。

这种蒸汽车行驶更快，也更经济实惠，但是，当时的人们并不接受它。因为这种车一喷出蒸汽，就会让周围的马受惊，弄得街上鸡飞狗跳，不得安宁。

稍微敏感些的贵妇看到它就会作呕，一些受惊的孩子还会因此得病。甚至还有报道称，因为这个噩梦般的机器，导致奶牛不产奶，母鸡不下蛋。

为了解决这个问题，美国发明家塞伯拉·马修森设计制造出了一种与马车的样子差不多的蒸汽交通工具，我们可以把它叫作“蒸汽马”。

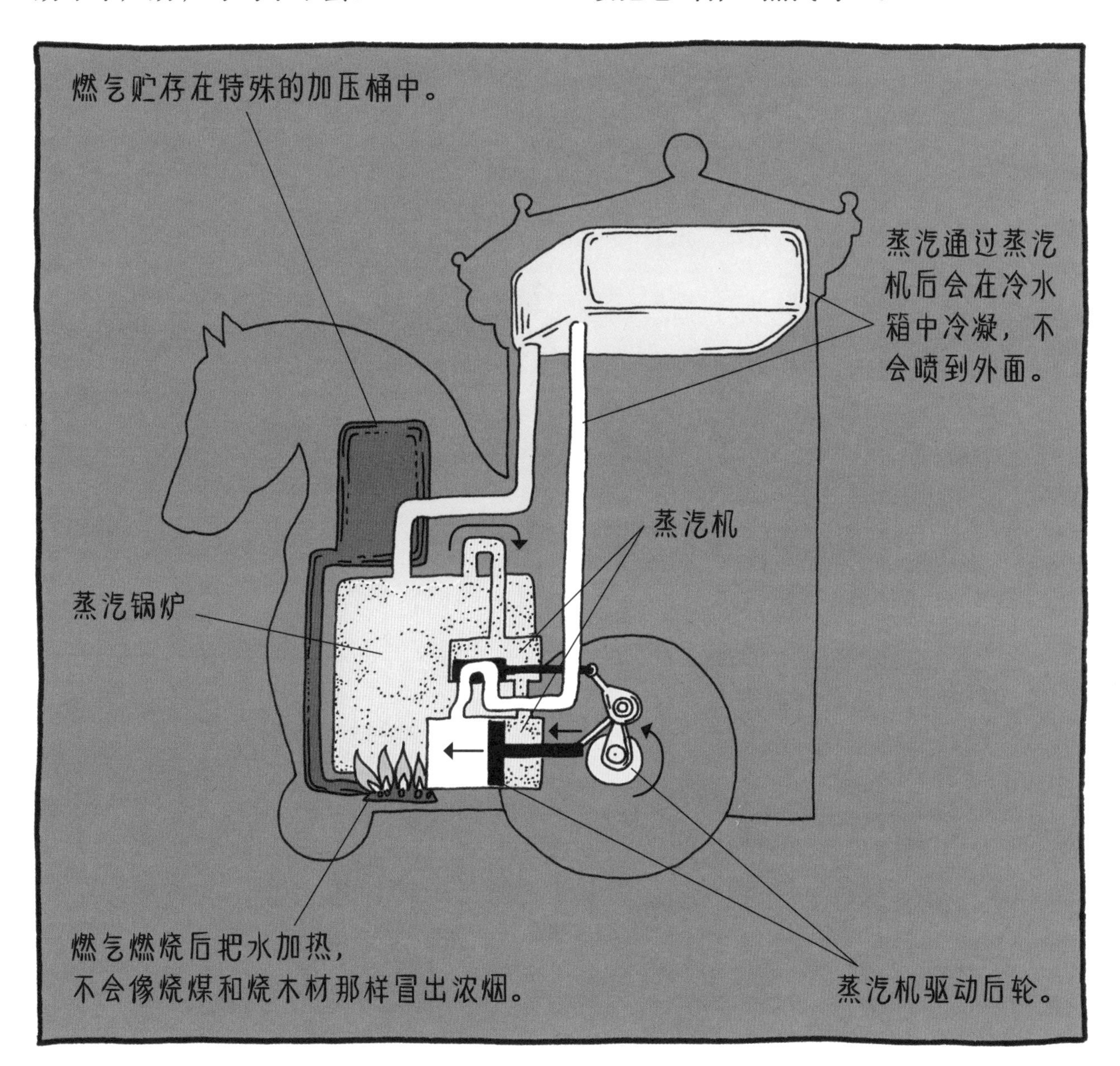

但是，那些想乘坐蒸汽车的人才不会管这些，照样乘着它在路上行驶。尤其是那些急着赶时间的人，根本就不在乎当时人们的议论。

这种“蒸汽马”与19世纪的城镇风光非常相配。但是，如果用在今天，“蒸汽马”恐怕就只适合于乡村婚礼了。想想看，那将是一道多么有趣的风景！

给我小点儿声！
大家都睡觉啦！
说得对！
别吵了！
快让道！
我这是“蒸汽马”！
咦，这
是马吗

孩子们，快回家！
小心得病啊！
你傻啊，没看到它
头上有铃铛吗？
THE

奔跑自行车

2012年

一个车架、两个车轮，还有一个车把，这就是弗利兹自行车的全部构造。这种车与现在的普通自行车有些相似，但是它既无踏板也无车座，骑行者只能通过奔跑加速。两位德国设计师汤姆·汉布鲁克和尤里·施佩特，设计制造了这种奔跑自行车，二人的灵感来源于他们的同胞卡尔·德莱斯的发明。

200年前，德国发明家卡尔·德莱斯制造了一辆“跑步机器”，也就是自行车的前身。它以车架、车把和车座连接两个车轮，并依靠骑车人用双脚蹬地行进。弗利兹自行车与它差不多。

弗利兹自行车需要骑行者通过奔跑使车子加速，一旦达到期望的速度，骑行者就可以将双腿抬起来，像飞一样前行。

哇哦！你看见了吗？
兄弟，飞得漂亮！
你快掉下去了！
我会金鸡独立！
天啊，我没想翻筋斗……

我能行！我能行！
我能行……
这要是放在网上，
绝对火！

气球帆船

1663年

我们都知道，空气是有重量的。充满空气的气球会下落，就说明气球自身的橡胶膜再加上充入内部的空气比较重。

要想使气球上升，就要给它充进比空气轻的气体，比如热空气。热空气比冷空气的密度小，所以重量更轻。

此外，我们还可以充氦气，这也是一种比空气轻的气体，现在能飞起来的气球大多是充氦气的。最早的热气球模型出现在18世纪，而氦气球则直到19世纪才出现。

17世纪的意大利数学家、物理学家弗朗西斯科·拉纳·德·泰尔齐，当然还不知道这些。那时候，他想制造出一种重量非常轻、能够飞起来的装置，实现自己升空旅行的梦想。他疯狂地沉迷于自己的设计之中，构思出了一艘能浮在空气中的飞船。

理想很美好，但现实很残酷。为什么这么说呢？因为发明家准备用铜来制作气球的外壳，这简直不可思议。

直至今天，我们也不知道该用何种材料才能制造出如此巨大的气球。这种气球要将中间的空气完全抽出来，所以密封性要足够好。此外，它必须要非常轻，才能够升起来。同时，它还要十分坚固，才能对抗外界的大气压。

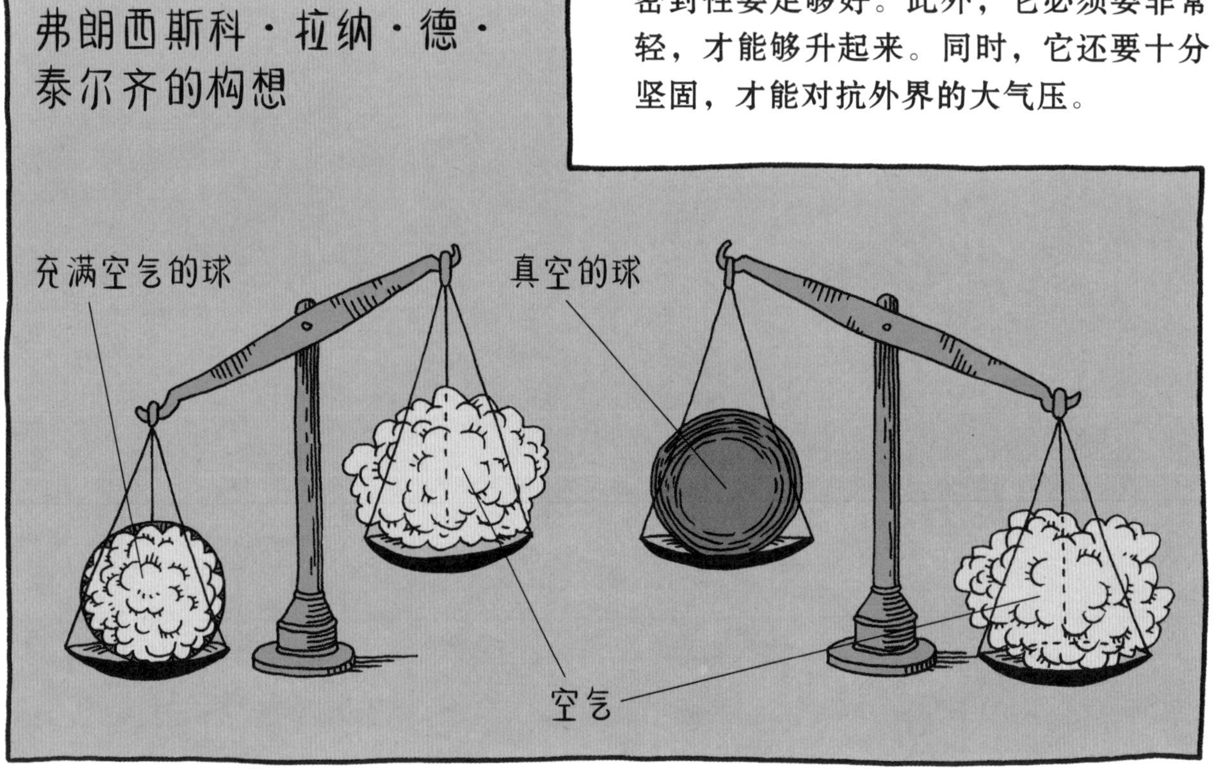

球体的外壳由极薄的
铜片制作而成。
可以乘坐6个人的气球帆船
在抽出铜球中的空气，并将球完
全密封之后，气球帆船就会变得
轻于空气，这样就能升空了。

啊，帽子！
咦！
它会掉到我们头上吗？
想象的世界里无奇不有！

只有人类才会想把水里游的
东西弄到天上去！

注意力集中头盔

1925年

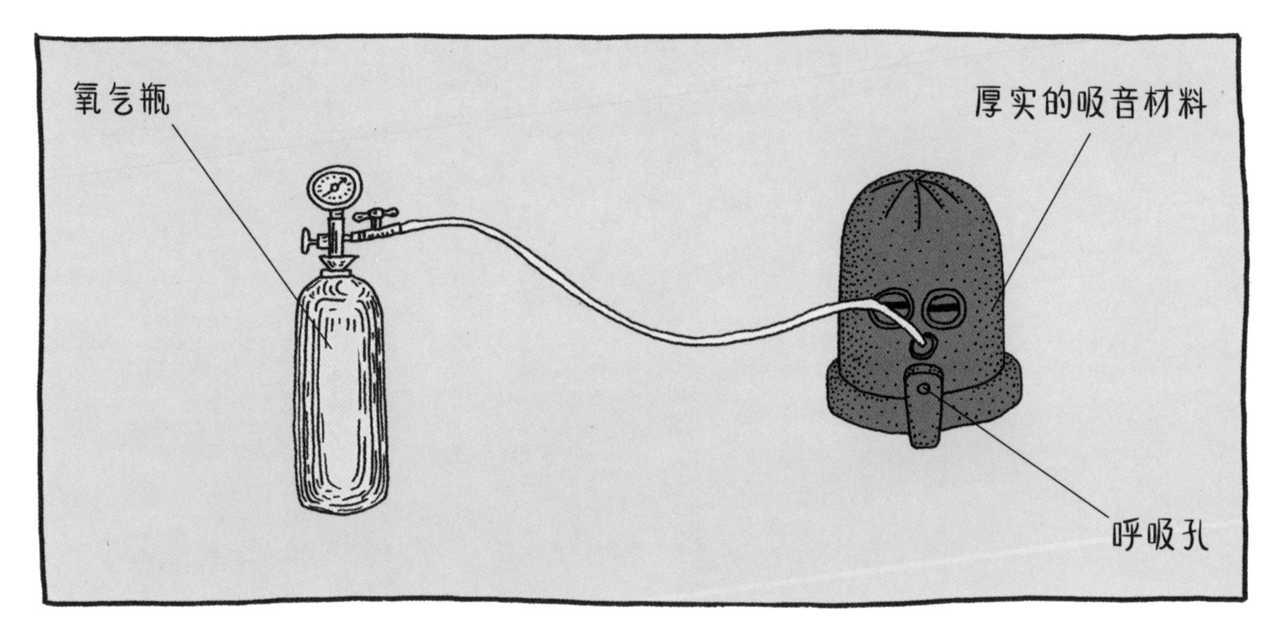

雨果·根斯巴克是美国著名的科幻杂志编辑，被誉为“科幻杂志之父”。他是科幻文学的先驱之一，开拓了科幻小说的黄金时代。大名鼎鼎的“雨果奖”就是以他的名字命名的。

工程师出身的雨果·根斯巴克，可以说是一位疯狂的发明家，他一生拥有超过80项发明专利。他的有些发明在今

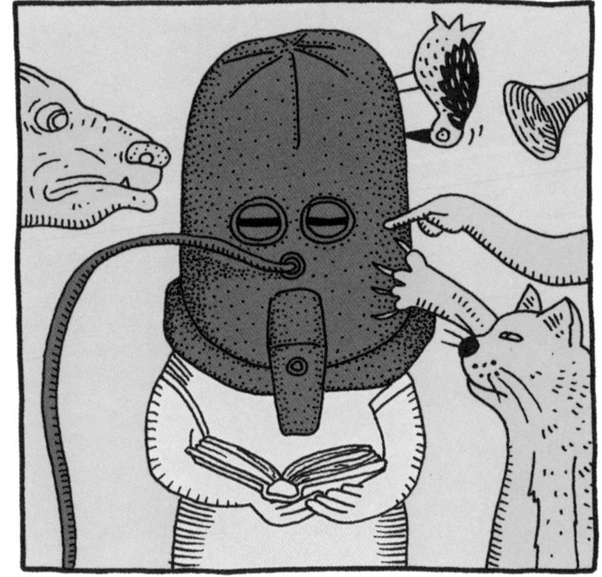

天看来可能很好笑，比如梦中学习机、能与外星人进行联系的仪器等。

雨果·根斯巴克每分钟都能想出上千个主意。为了能将所有的灵感都收集

门铃作响、鸡鸣狗叫的声音，还是从厨房传来的饭菜香味、从窗外射进来的光线，所有这一切在戴上他的隔离头盔之后，都会统统被屏蔽掉。

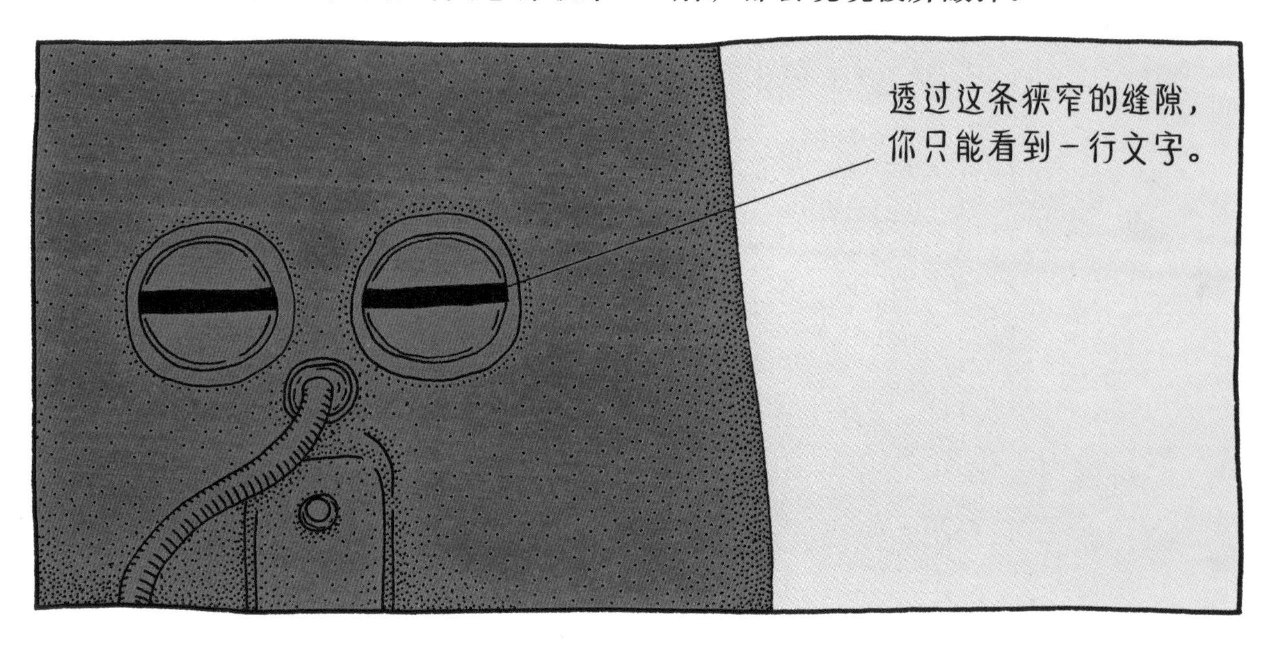

并记录下来，他设计出了一个封闭式的头盔，以保证自己的注意力不受外界环境的干扰。

不管是大街上车水马龙的嘈杂声，

这个防分心走神的神器，看起来就像一个重磅的防毒面具。这一奇思妙想的有趣发明，被那个时代著名的《科学与发明》杂志刊登在了封面上。

安静……
安静……
就只有这两条缝，
我都有点儿冒汗了。

“燕子”越野车

1883年

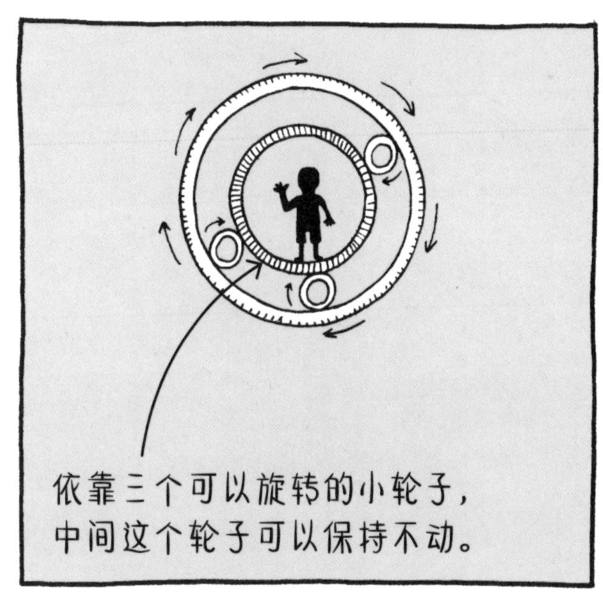

19世纪晚期，车辆并不是行驶在平整的柏油路面上，而是行驶在坑坑洼洼、崎岖难行、无人修缮的碎石路上。

那时候的人们想要驾车去旅行，就不得不经历令人难以忍受的颠簸之苦。

波兰的一位工程师斯坦尼斯瓦夫·巴雷茨基，梦想可以实现既舒适又不受道路条件限制的行车之旅。为此，他全身心地投入到了历史上第一辆越野车的设计创造中。

他设计的越野车可以通过道路及野外的各种障碍。他为这辆车取名为“燕子”，并在1883年柏林举行的体育展览会上展示了它。

然而，这辆越野车存在的问题是，工程师始终无法为它设计出一个合理的

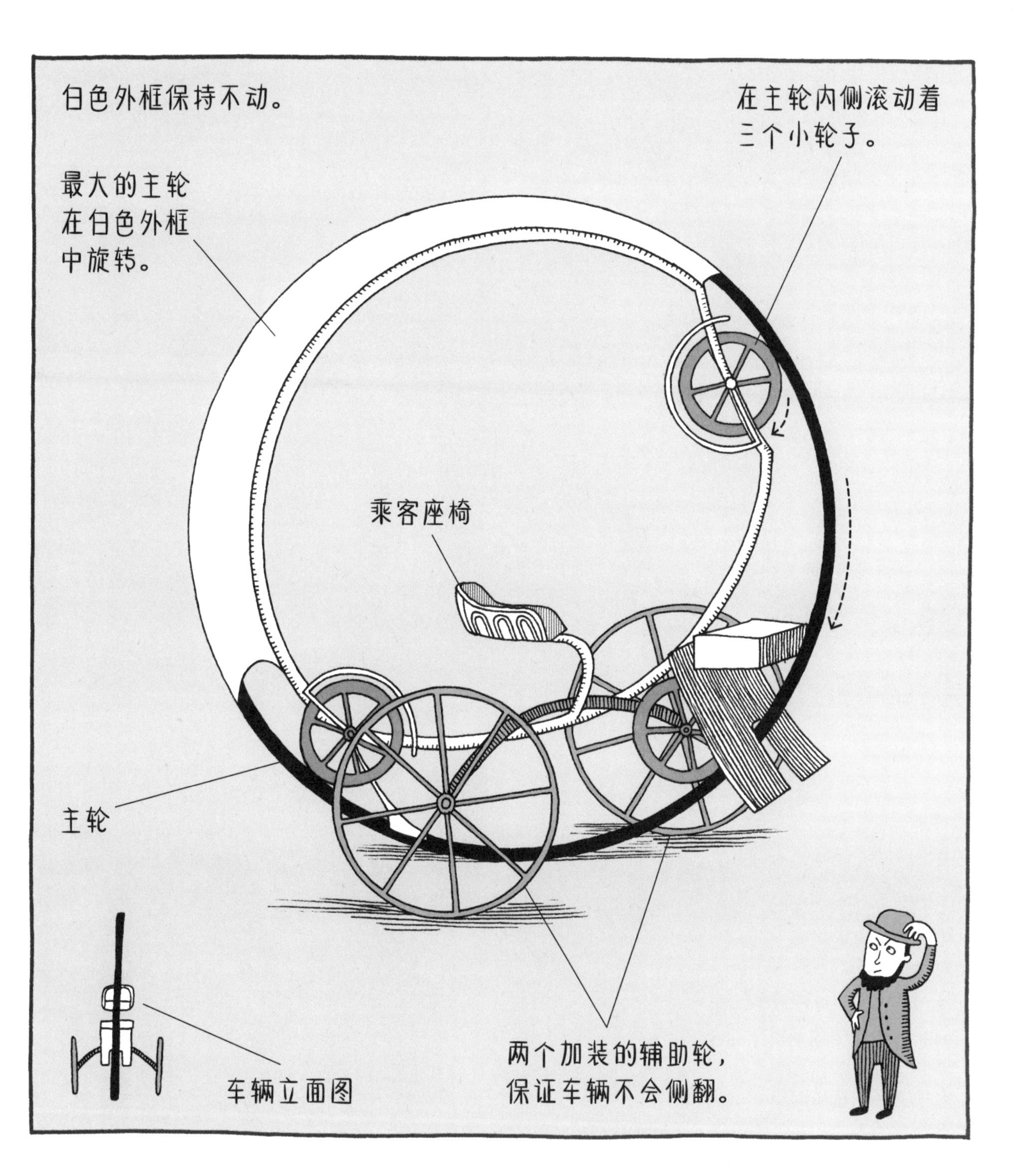

驱动方式。他曾先后尝试过安装踏板和风帆，但都没有成功。他进行了各种各样的试验，花光了全部家产，最终也未能完成梦想。

在当时的一本杂志《插画周刊》中，有一幅由马拉着“燕子”越野车行进的插画，这幅画成了这个发明曾经存世的唯一证据。

怪物！
他最好搞点别的发明。
在崎岖不平的道路上，谁也不可能成为我的对手！
这个主意不赖啊！
你看吧，车会毁了他的。
哦，马上
散架的

真厉害!
跑起来了!
这家伙真是个疯子!
所以说你不懂什么是技术。

跑步发电机

2011年

在黎巴嫩的首都贝鲁特，有一位设计师名叫纳迪姆·以纳特。他注意到海滨公园里经常有很多跑步爱好者，于是就萌发了一个很有创意的想法。

他认为，慢跑是一项非常健康的运动，但是跑步所产生的能量却被白白浪费掉了，这太可惜了。因此，他动手制作了一种装置，它可以将跑步产生的动

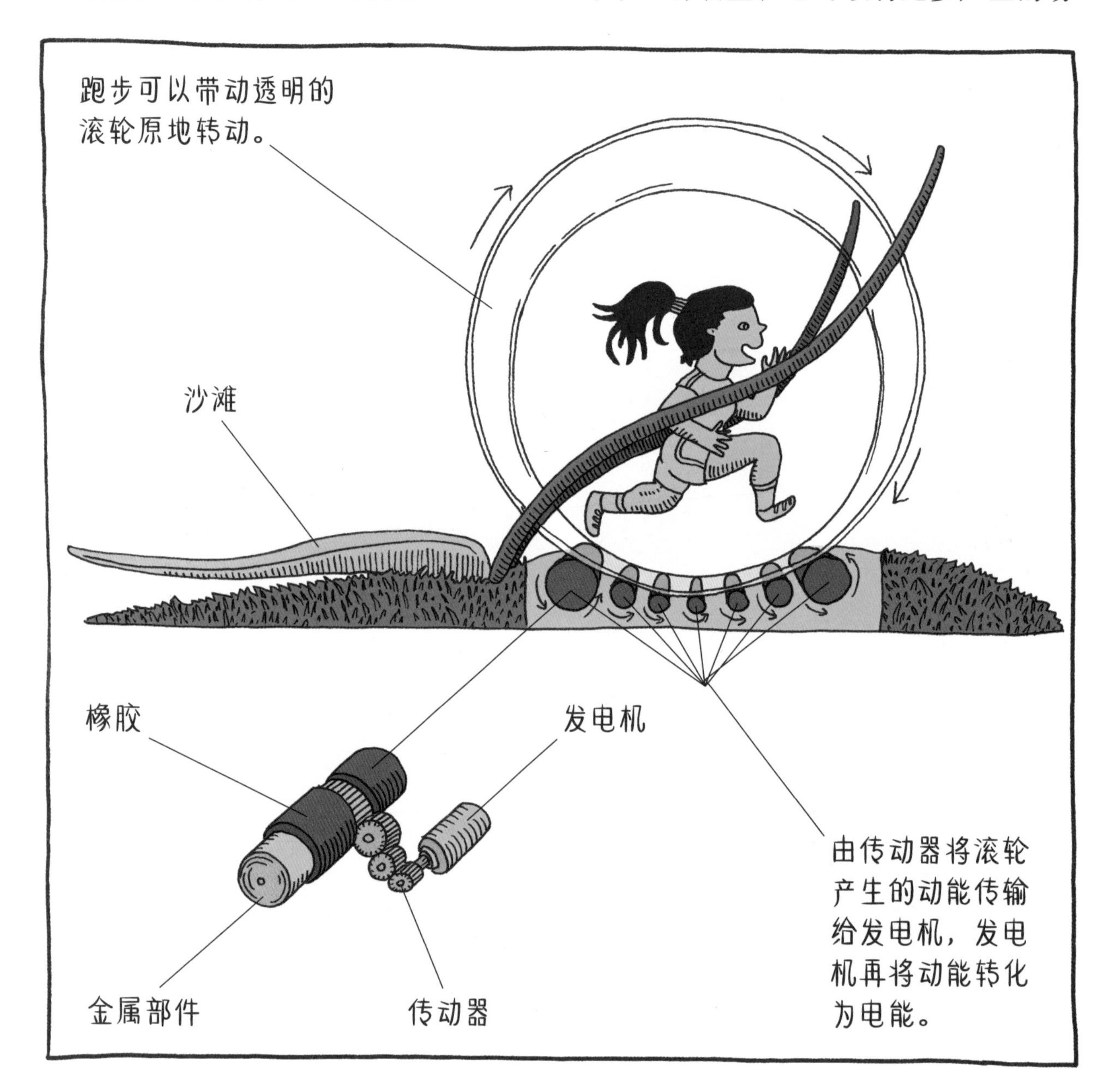

能转化为电能，并能为某些公共设施提供电力。他给这个创意发明取名为“绿色轮子”。

经过纳迪姆·以纳特的测算，跑步30分钟所发的电，可以点亮节能灯泡5个小时，或者使用平板电脑2个小时，或者给手机充电12次。如果将十几个“绿色轮子”发的电积攒起来，就可以用于点亮城市的路灯或者交通信号灯。

最重要的是，这种“绿色轮子”所产生的电能不会污染环境，而且完全是免费的！

想想看，如果把这种设备安装在学校的走廊里会怎样？学生每天都有课间活动，实在是浪费了很多能源啊……

跑步前，先向上抬起安全扶手固定住滚轮，然后上去站稳，就可以放心跑步了。

如果滚轮转动太快，可以放低扶手，滚轮就会停下。

哦，人真多！都在跑透明轮子！
再快一点点……
22千米，每千米平均用时4分12秒，太棒了！
加油，加油！就快充满了！
我可不喜欢跑步。

不用一上来就跑步，可以先走走。
嘿！那边还有一个空着的！
别嚷了！
是下一个！
明天我也去试试……
很酷啊！
没有我的健身器好！

鸟形马甲

1889年

提起希腊神话中的代达罗斯和伊卡洛斯，人们的脑海中往往会浮现出这样一幅画面：两位冒险家身系自制的翅膀翱翔在天空中。一直到今天，人们仍然在不断地尝试，再现他们的壮举。

在这些勇者当中，有一位生活在19世纪晚期的美国人，名叫鲁本·贾斯伯·斯伯丁。他设计了一种依靠固定在肩膀上的翅膀进行飞行的装置——扑翼机，并且获得了发明专利。其实，这也可以算是400多年前达·芬奇绘制的飞翼的升级版。

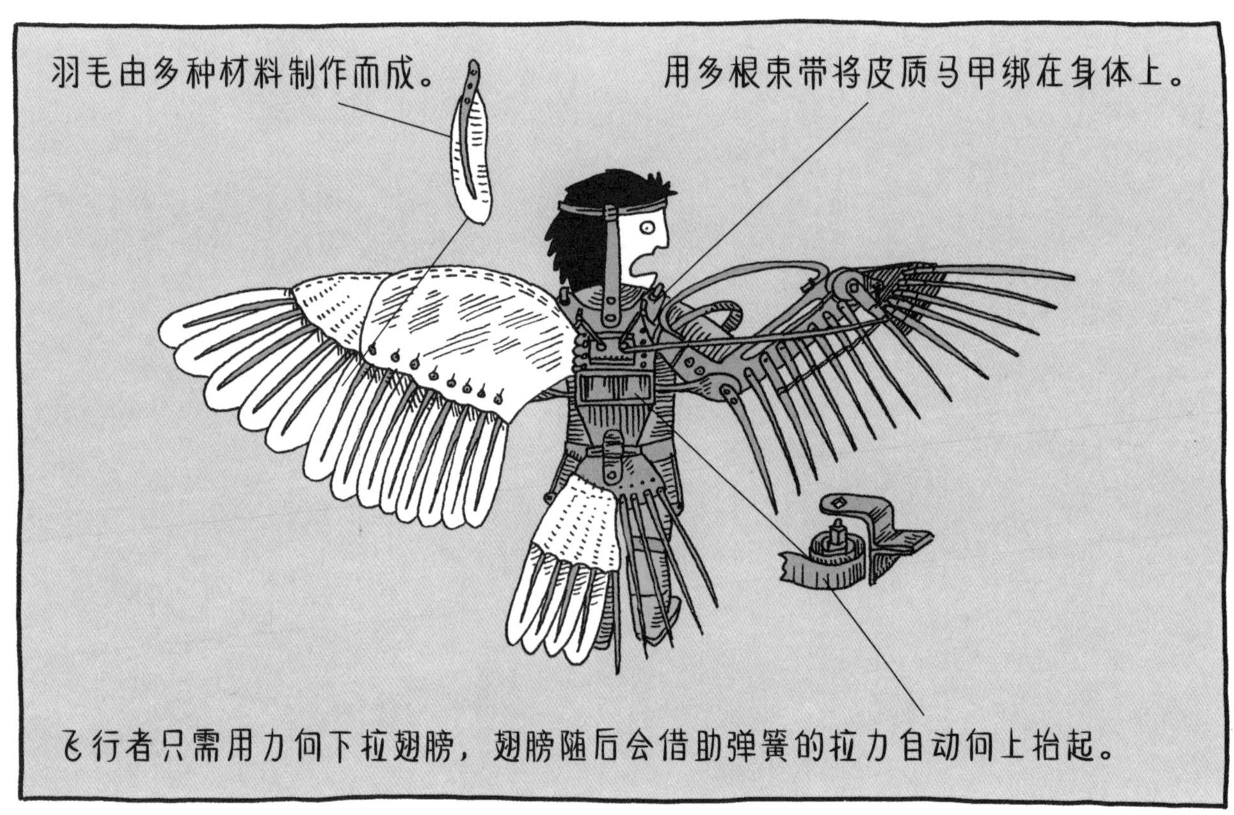

单从设计图来看，这个扑翼机似乎很有说服力。但可惜的是，它从来不曾把任何东西带上天。

由于整个装置的控制技术、材料重量和结构方面的问题，人们想要背着它升空去飞翔还很难实现。尽管如此，发明者还是坚信，总有一天，他会用扑翼机在天空中翱翔。

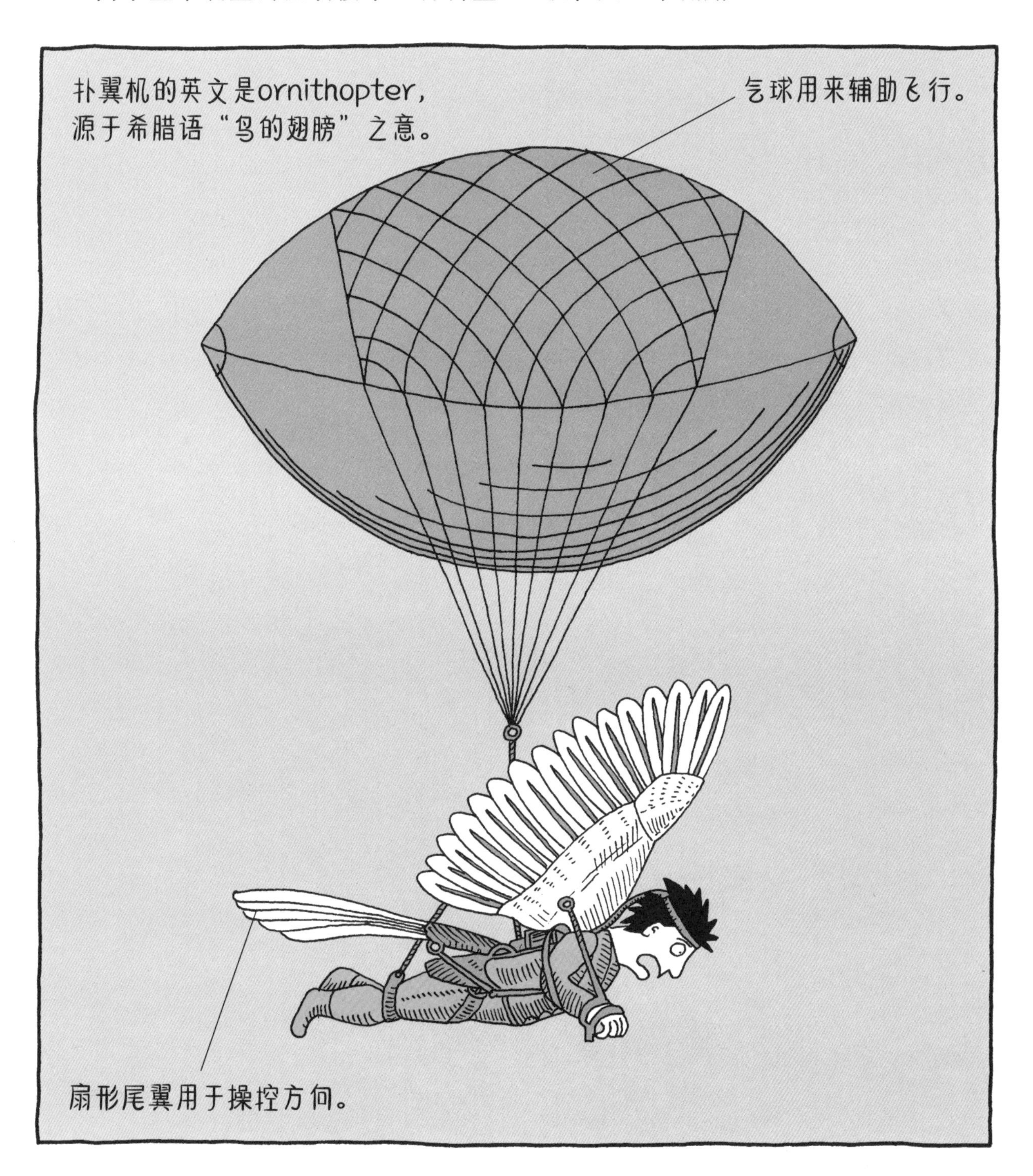

好在这里不算太高。
哇哈哈！他竟然想飞！
羽毛真漂亮，我要做一条这样的裙子！
我是医生！
就像一块石头在飞！

谁说我没警告过他？
我不知提醒他多少次了！
别折腾了！
我真是受
够了！
天啊，
希望他没事！
咴……我的大牙要笑掉了！

燃烧的火钟

约公元前3世纪

在发明钟表之前，人们是如何计时的呢？大约4500年前开始，人们主要利用自然现象来计时，比如说利用太阳照射在指针上的影子（图1），利用水的流动（图2），或者利用沙粒的下落（图3）。

2000多年前，在世界的很多地方还出现了另一种计时方式，那就是利用"火"来计时。

现在，我们很难确定，它们中的哪一个是世界上的第一个火钟；更难以确定，究竟是谁发明了它们。

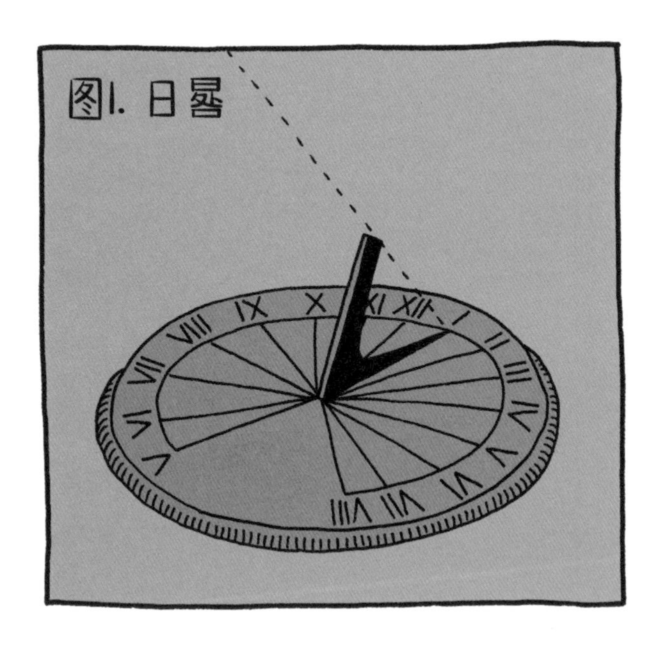

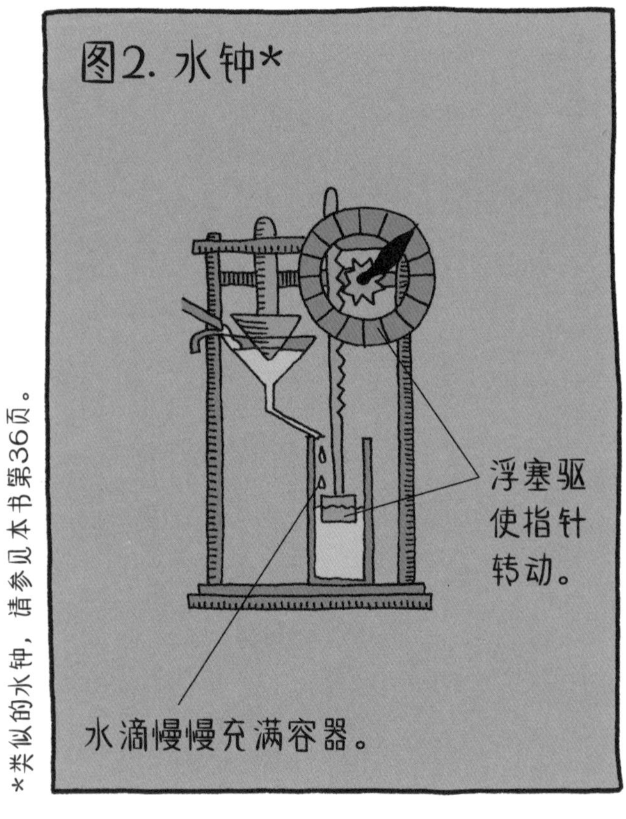

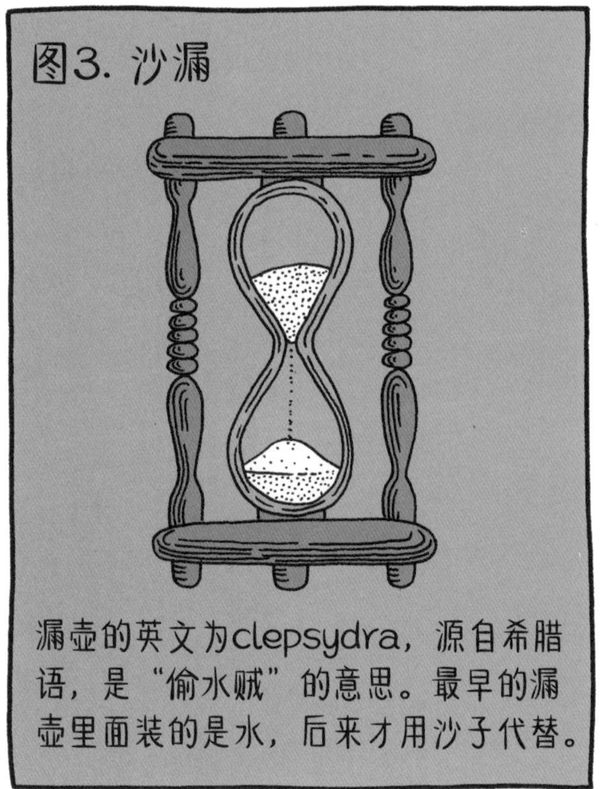

*类似的水钟，请参见本书第36页。

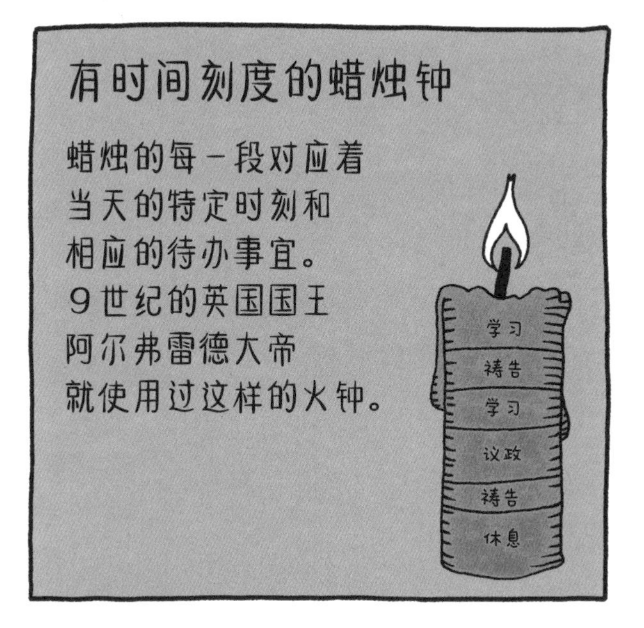

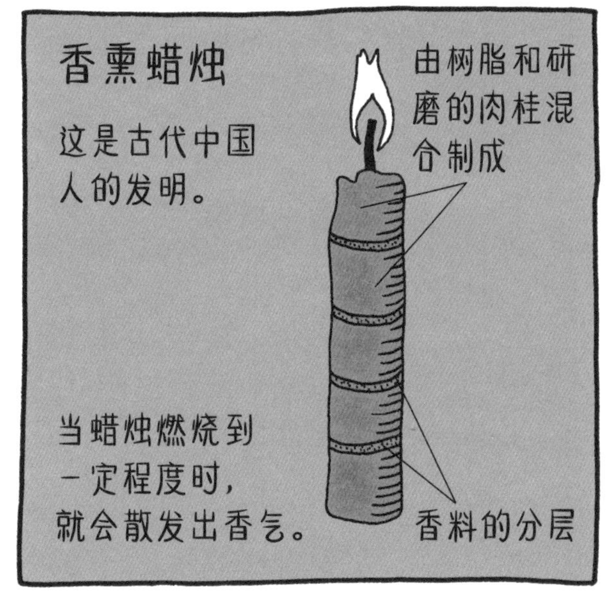

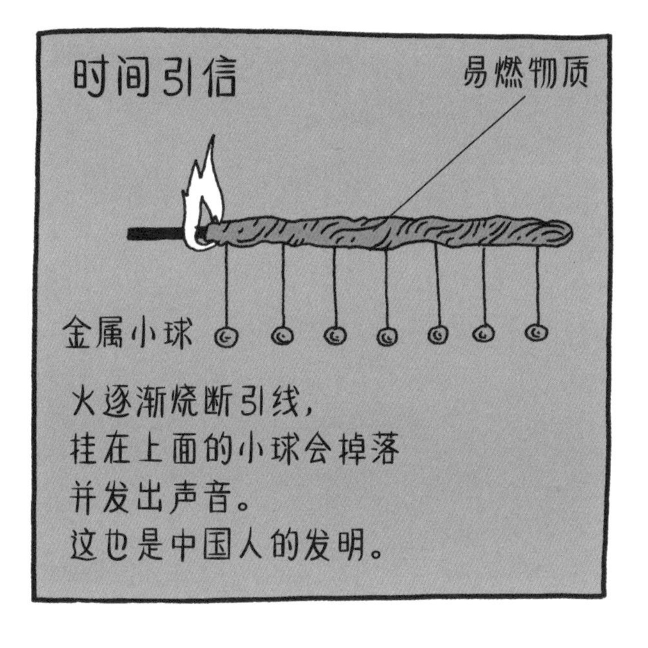

油灯钟

它曾用于15世纪。
玻璃容器中的油面
会因燃烧而逐渐下降，
容器上的刻度
用来指示时间。

制造火钟非常简单，但成本较高，使用起来也不是很方便（必须要一根蜡烛接着另一根蜡烛，才能保持连续计时）。因此，古人们一直在寻找更好的计时工具。

到了今天，人们用蜡烛计时只是为了好玩儿，现在自己动手制作这种火钟很容易。

这是亥时的香气。
笙歌乐舞即将开始！
我还能再喝点儿！
呵呵，我最爱吃的点心
终于上桌啦！
嗯……闻起来
是亥时了。

何时回去？
闻到子时
香气即走。
我都吃了一个时辰了，
怎么还是觉得饥饿？
我喜欢
亥时的香气！

飞行汽车

2009年

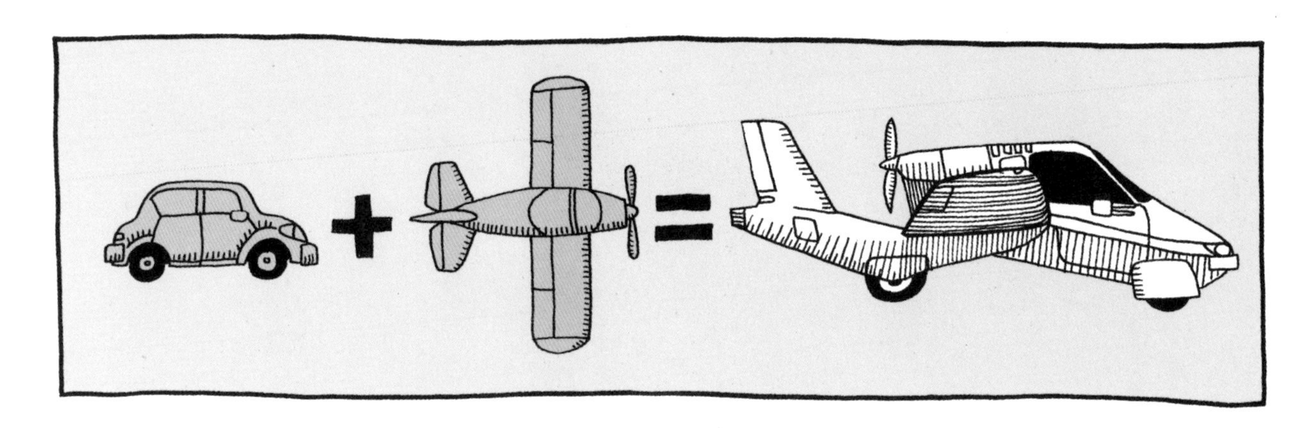

制造会飞的汽车是很多发明家的梦想。“变形者”是世界上第一部真实可用的陆空两用型变形车，它有四个轮子和可自动折叠的双翼，换个通俗的说法，它就是一辆会飞的汽车。尽管这种车看起来很像一个大玩具，又像是后现代主义的机械艺术品，但它的的确确是一项令人兴奋的发明。

美国特拉弗吉亚公司的专家、飞行员和工程师们共同研制出了这种会飞的汽车。它已于2009年获得了飞行许可，2011年获准上路行驶。

“变形者”在加满普通的汽油之后，从波兰最北部的格但斯克市起飞，只需3个多小时，就可以到达波兰最南部的扎科帕内市。

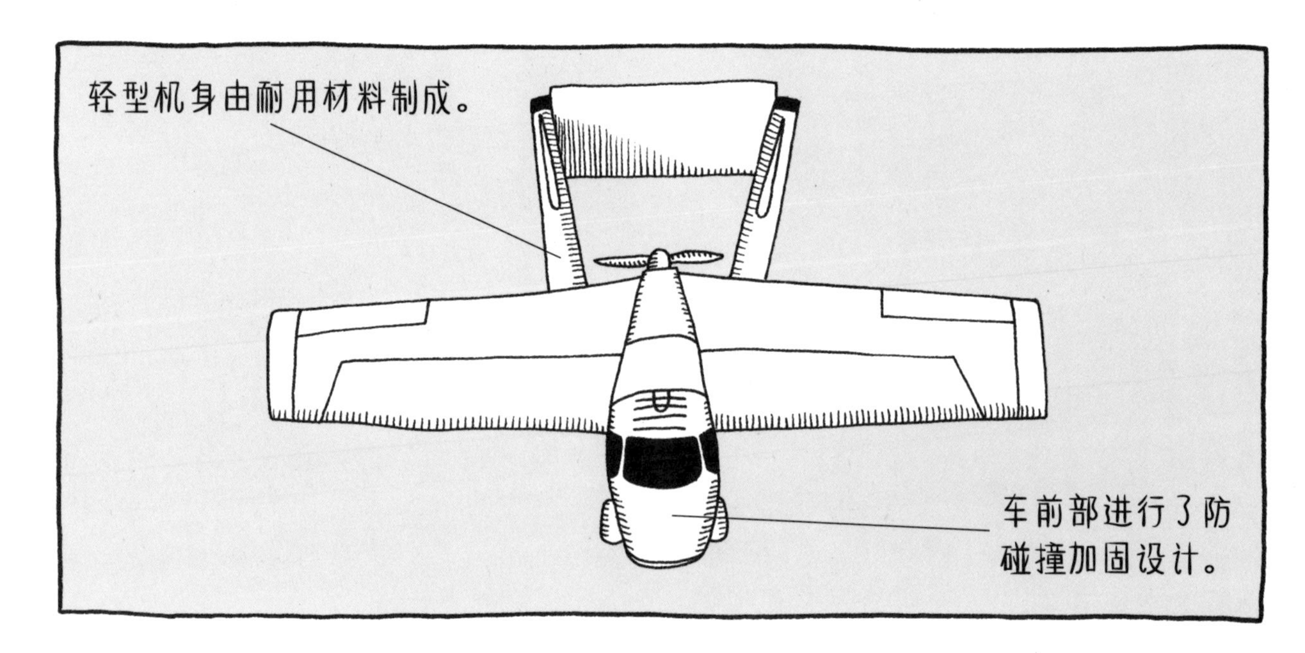

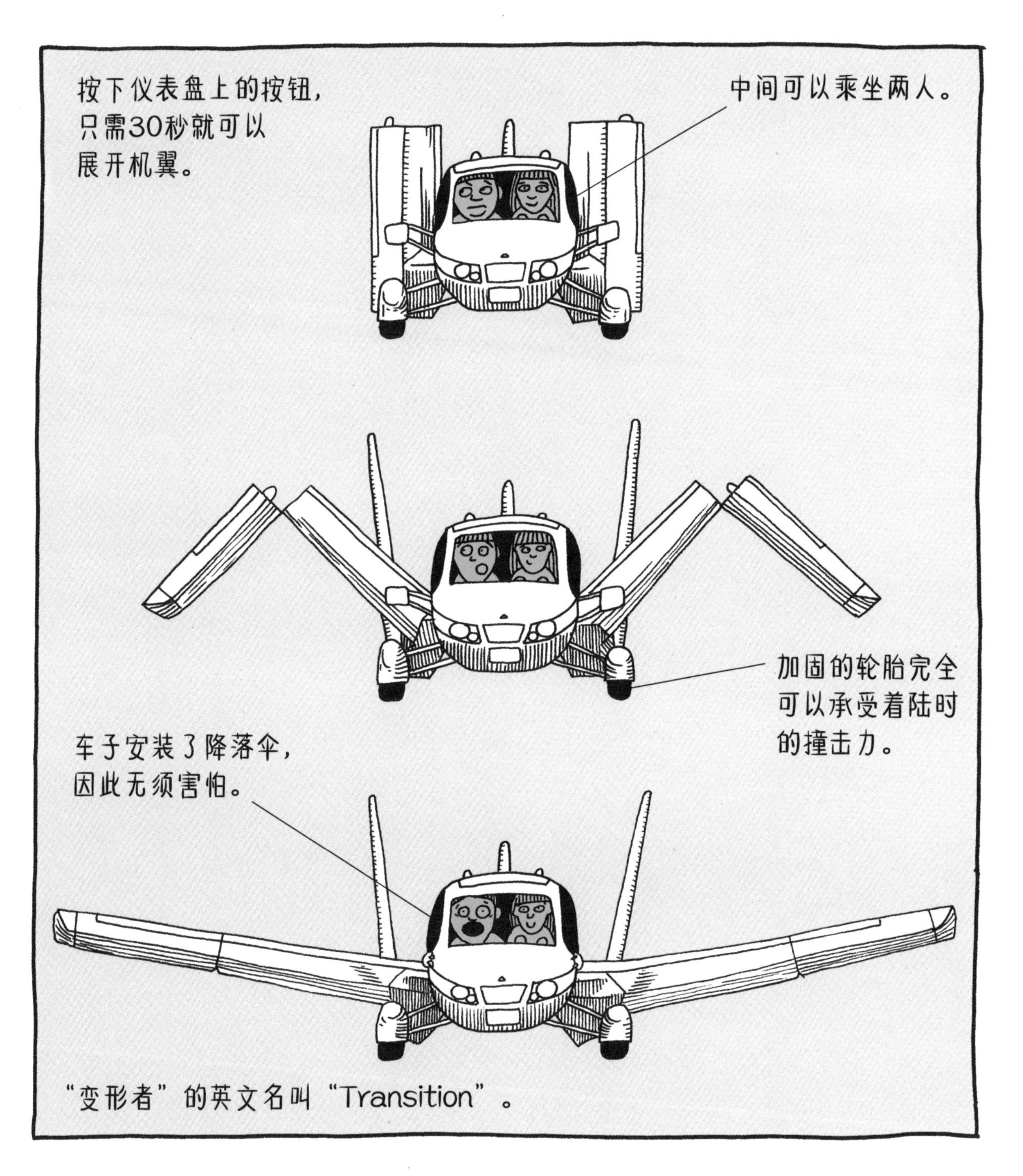

“变形者”的飞行时速可以达到185千米，而且整个行程无须着陆。如果飞行员想要在中途休息一下的话，他完全可以在最受飞行员欢迎的拉多姆市美餐一顿（在拉多姆市，每两年会举办一次盛大的国际飞行表演和国际航空展），他只需将“变形者”停在市中心的停车场就可以了。

小心啊！
堵车了……反正
我不用出门。
等着吧！
那是鸟吗？
不，是飞
嗖，嗖！我也想飞！

!哦，看着点，
怎么乱飞啊！！！
我实在受不了堵车
这种讨厌的事了！
不，那是
变形者”！
妈妈，你看，
我在读书呢！
那是什么？
不知道，
看起来很古怪。

浮云飞艇

2011年

充入“云朵”中的是氦气，是一种比空气还轻的气体。

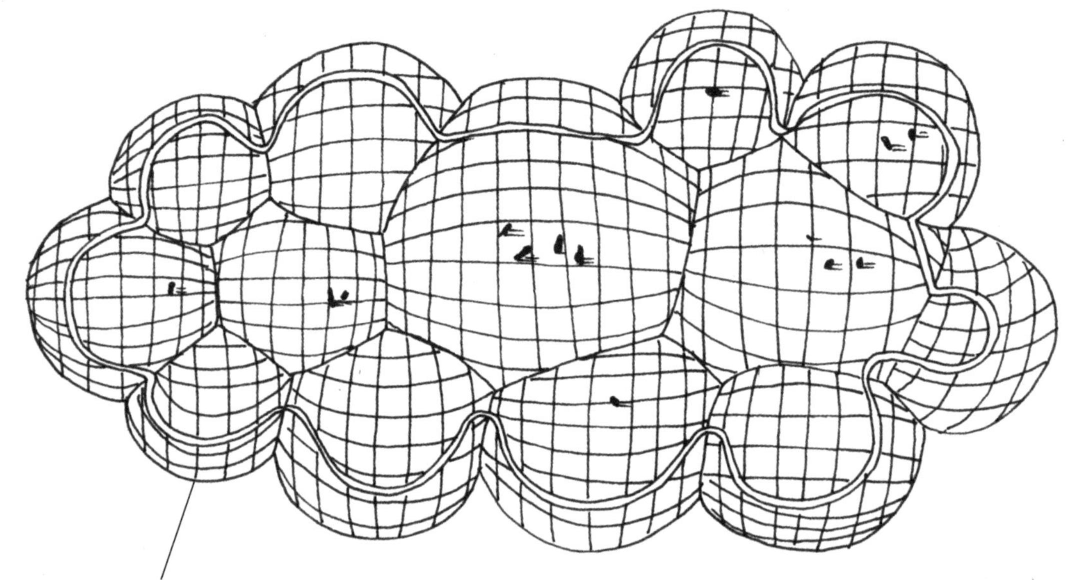

“云朵”的形状由钢制骨架搭出，外部再包裹上厚实的弹力尼龙布。

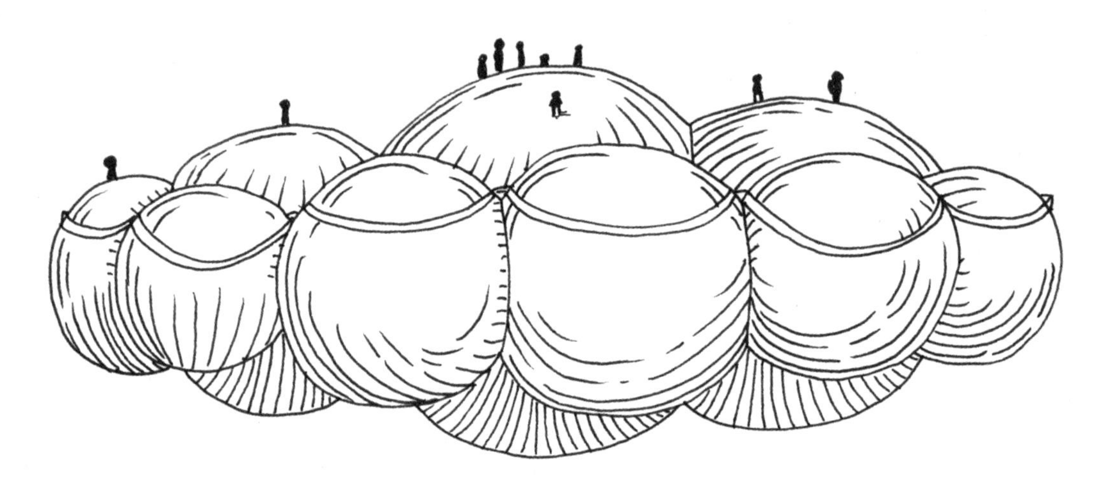

云中旅行的方向、速度和目的地都是由自然风决定的。

乘着“浮云”去旅行，没有时刻表，也不用去买票，甚至没有目的地，只依靠风向和风力决定去哪里和有多快……这似乎不仅仅是孩子们曾经有过的梦想。让人兴奋的是，现在这个最酷的梦想很快就要实现了。

居住在纽约的葡萄牙裔青年工程师蒂亚戈·巴罗斯，萌生了一个疯狂的念头，他由此设计出一朵可以在空中旅行的云。尽管这朵云至今还未被制造出来，但是，这个创意是可行的。

乘着浮云飞艇去旅行，需要做好充分的准备工作：首先，必须要穿上温暖厚实的外套；除此之外，还必须要带上氧气瓶和面罩。

因为在高空中，气温非常低，空气也非常稀薄，人很难呼吸，而有了上面这些装备，人们就可以乘着蒂亚戈·巴罗斯设计的“浮云”，自由自在地飘浮在天空中了！

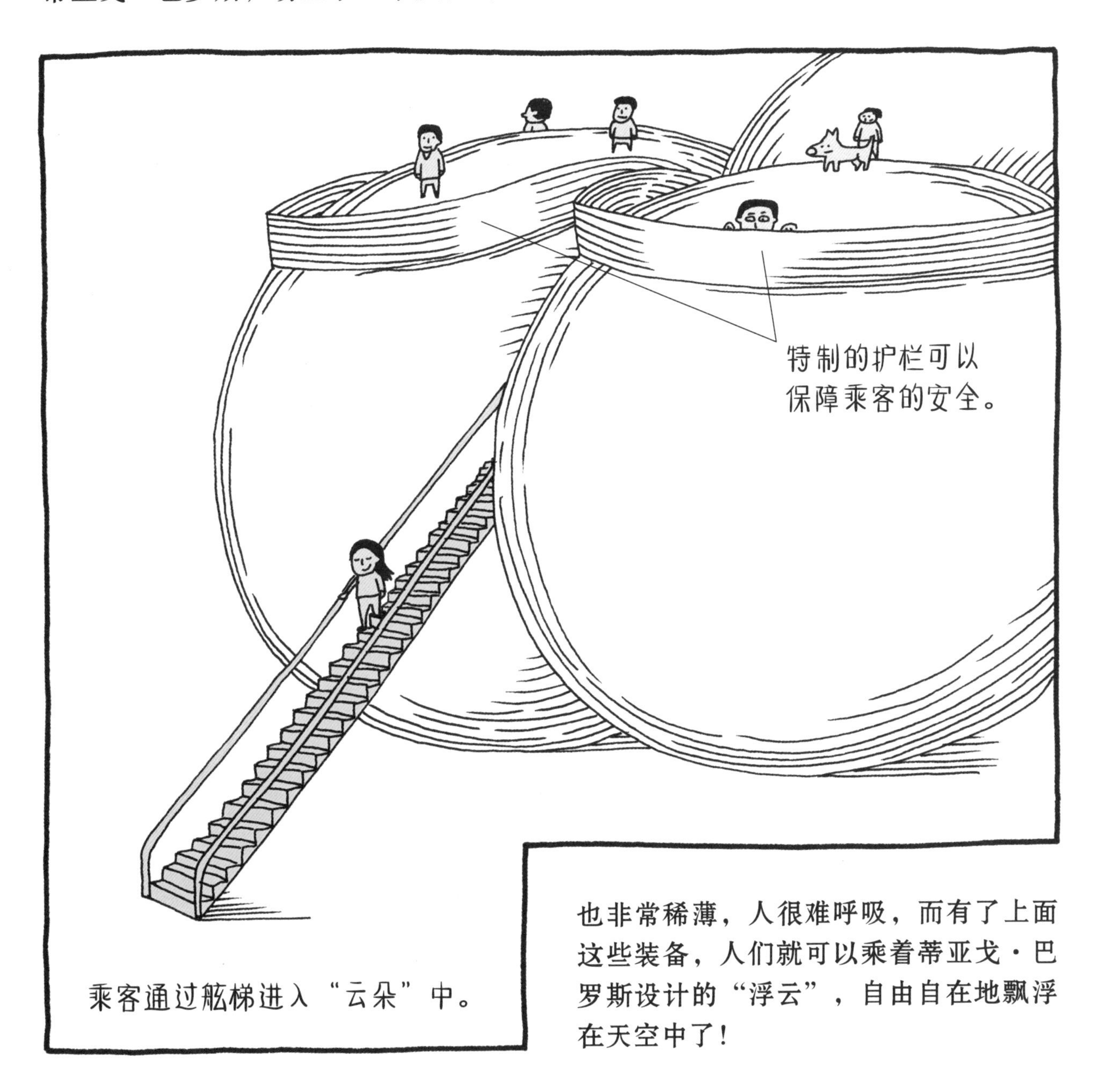

乘客通过舷梯进入“云朵”中。

呼叫基地，这里是猎鹰2号！
我的视野中出现一个
气球状飞行物。
你觉得会有
零食吃吗？
天啊，有人在这朵云
上走来走去！

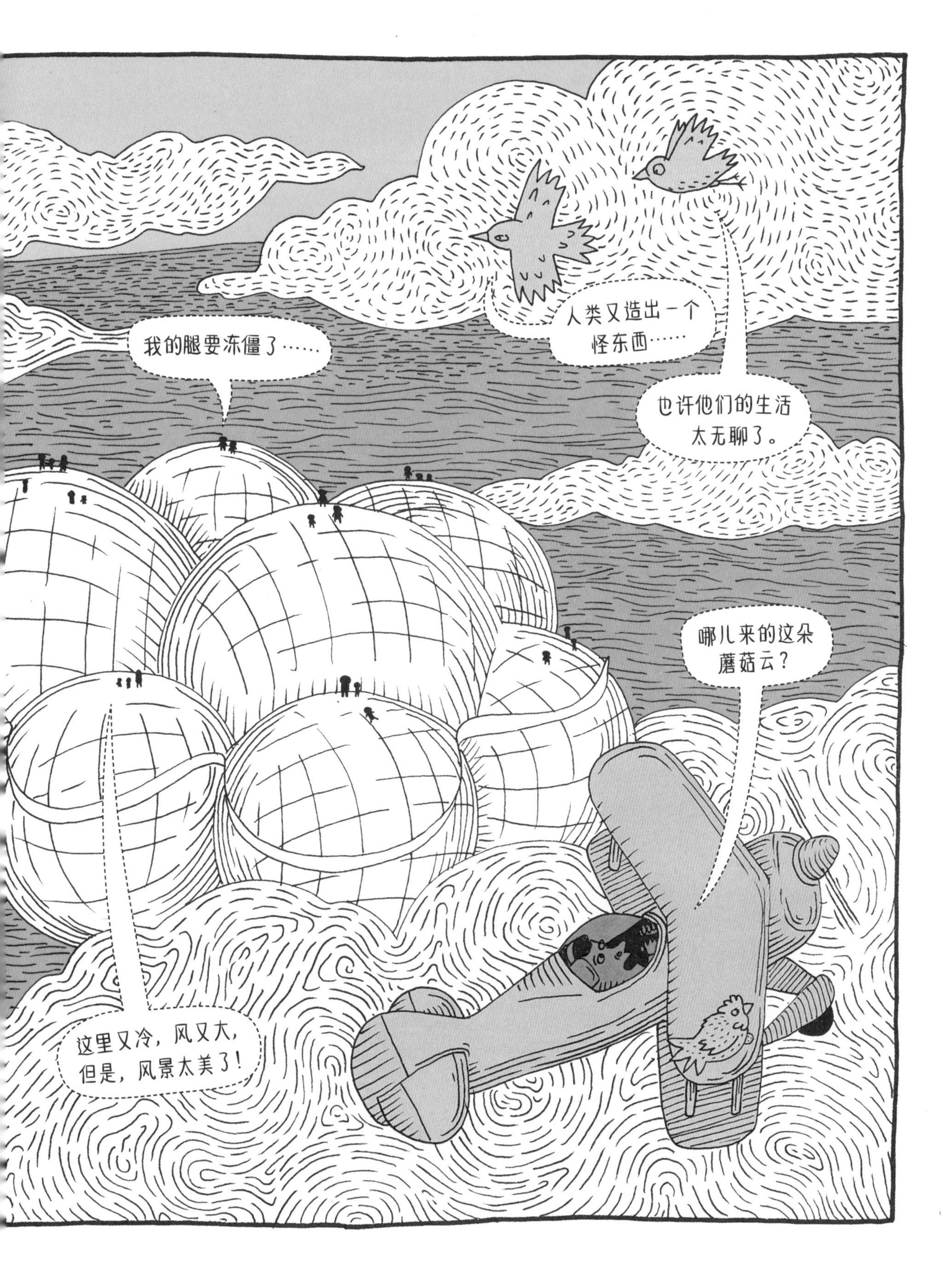
我的腿要冻僵了……
人类又造出一个怪东西……
也许他们的生活太无聊了。
哪儿来的这朵蘑菇云？
这里又冷，风又大，但是，风景太美了！

会飞的自行车

2013年

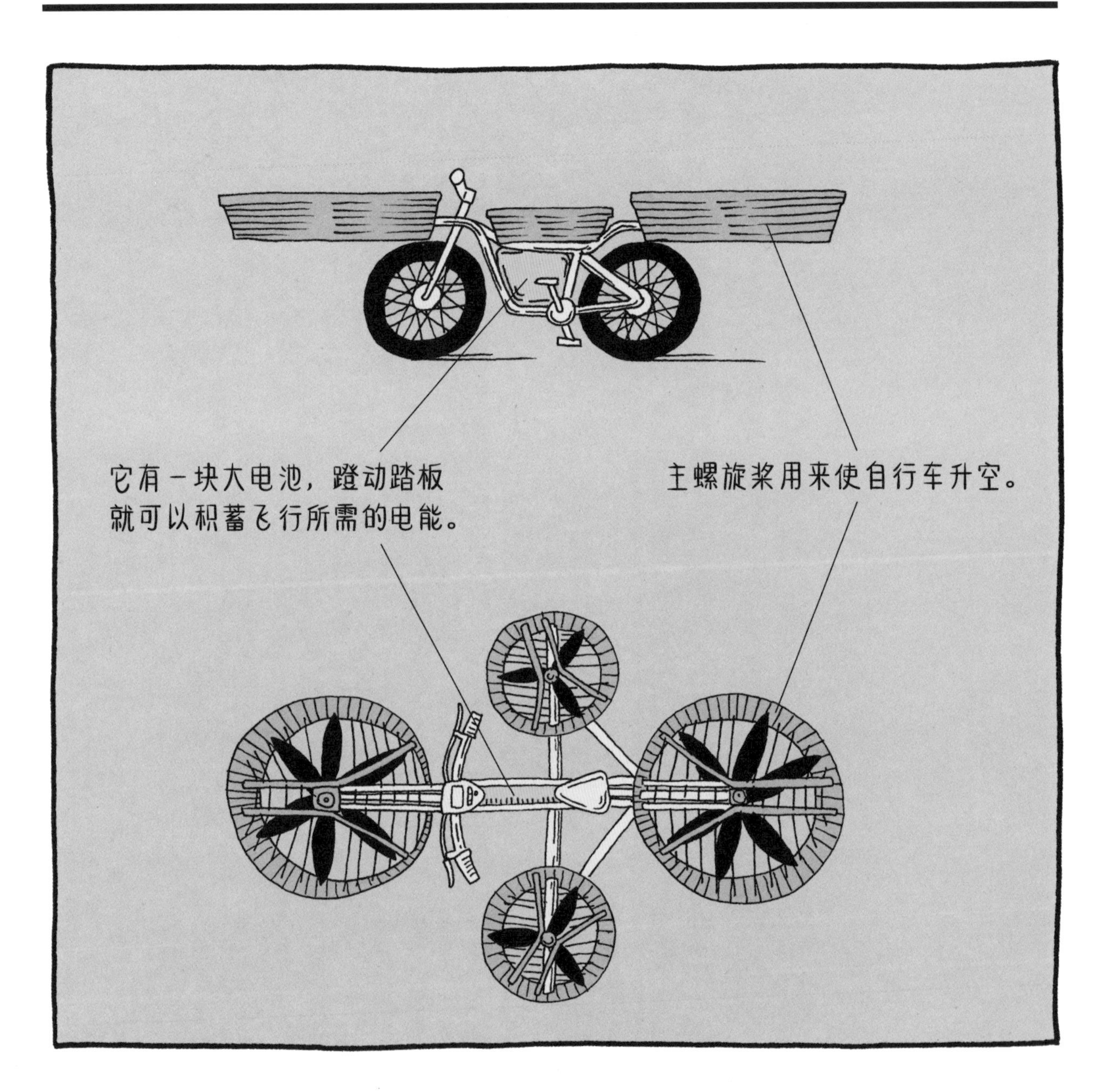

这究竟是装在自行车上的衣物甩干机，还是环保农用播种机呢？告诉你吧，都不是。这是一辆可以腾空而起的F-Bike自行车！

这辆别出心裁的自行车是由7名来自捷克的工程师研发制造的。在首次公开飞行测试时，他们安放了一个仿真人坐在操控把的后面。

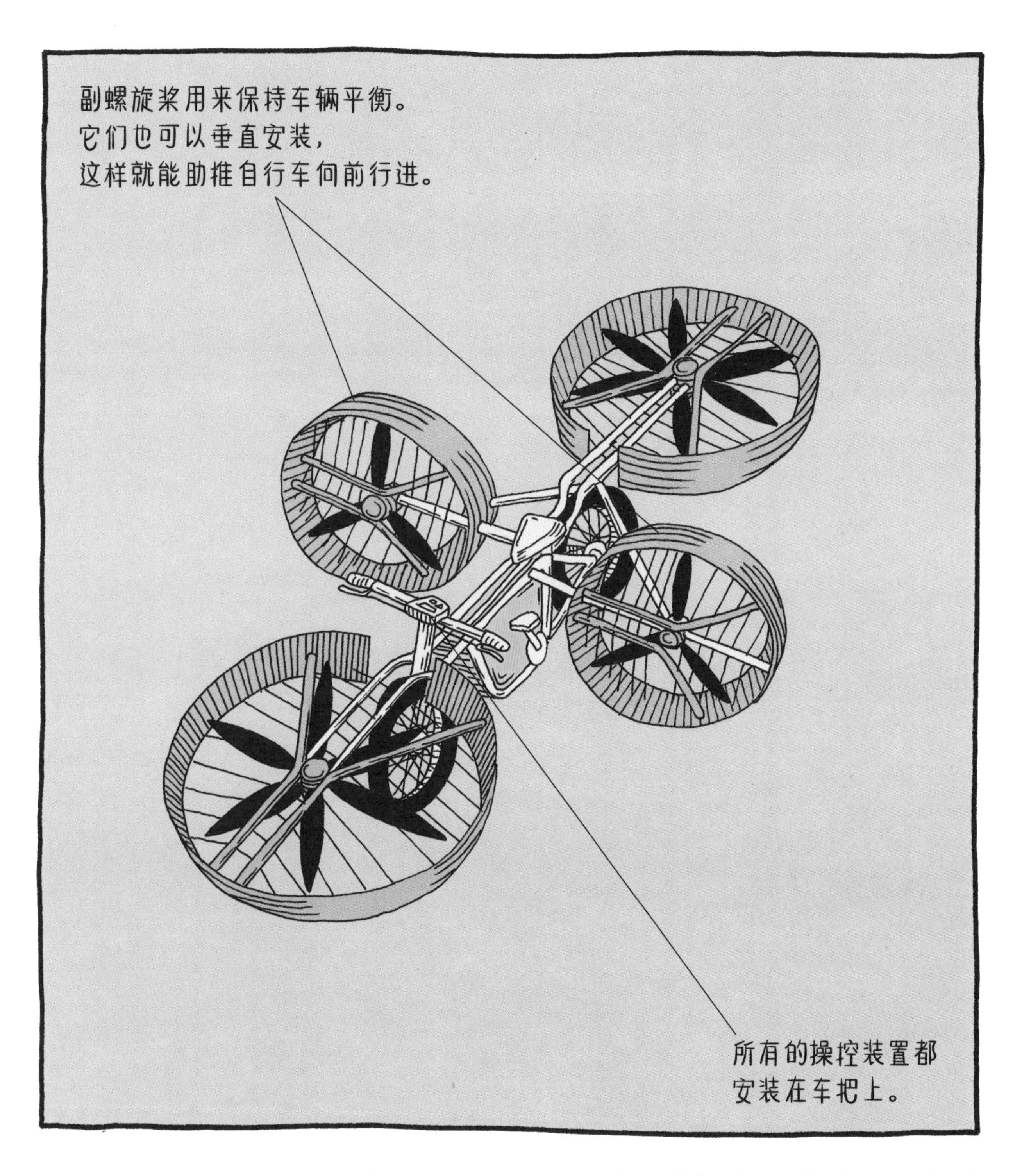

这辆会飞的自行车有一个需要解决的问题，就是它的电池只能支持3至5分钟的飞行，时间非常有限。

虽然说这么短的时间内，这辆车足以飞跃拥挤的街道，或者避开周围拥堵的汽车，但是，如果只是为了如此短暂的飞行，就要带着这么多的螺旋桨穿越车水马龙的城市，值得吗？

亲爱的，我知道该给小麦克
买什么生日礼物了。
现在还没有会飞
的滑板。
哇哦！这是从哪
儿冒出来的？
快看，
不明飞行物！

电池，可要给我
撑住啊！
这个自行车
太酷了！
就是噪声
太大了！
我更喜欢
太阳能电池。
就要砸我们
头上啦！

会行走的机车

1813年

什么？你是说长着腿的机车吗？这太滑稽了！但是，这并不是一个笑话，因为制造它的初衷是为了使人们不再依赖动物作为动力。在19世纪，马匹几乎是所有机器和车辆的动力来源。当时的欧洲连年战乱，军队为了饲养数十万匹战马，几乎买断了所有的饲料，因此造成市面上的饲料价格异常昂贵，养马的成本越来越高。

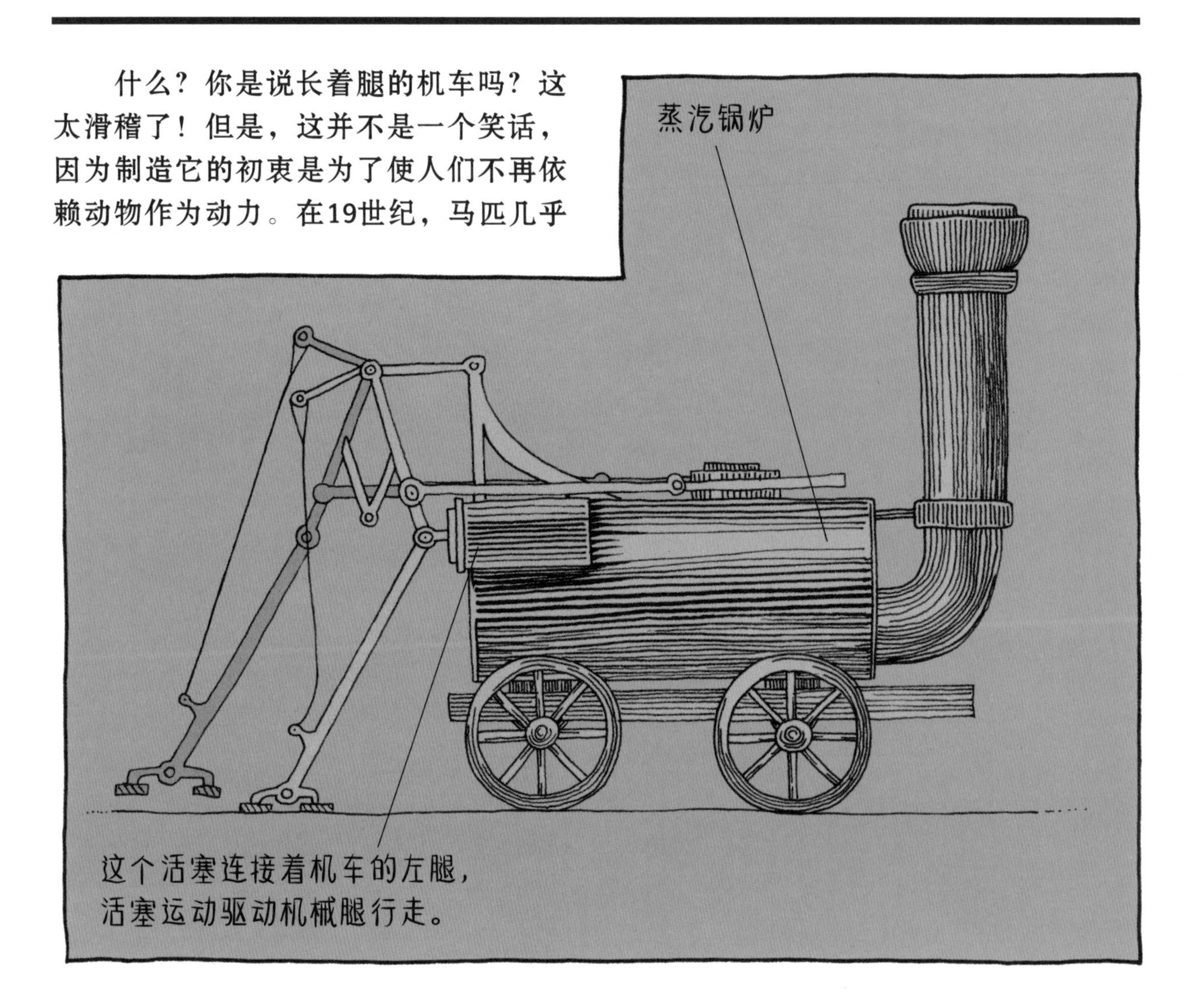

怎样才能更省钱呢？苏格兰的工程师和发明家威廉·布伦顿，经过长时间的苦思冥想之后，终于制造出了世界上最早的蒸汽机车之一。

当时，他制造出了两辆机车，其中一辆重达2.5吨，另外一辆则重达5吨。他本来的设想是，这个以燃煤为动力的发明可以代替数以千计的动物。如果不出意外的话，一切都会按照他的想法进行下去。然而，在1815年，当他展示那台更大的机车时，装满热水的铸铁锅炉

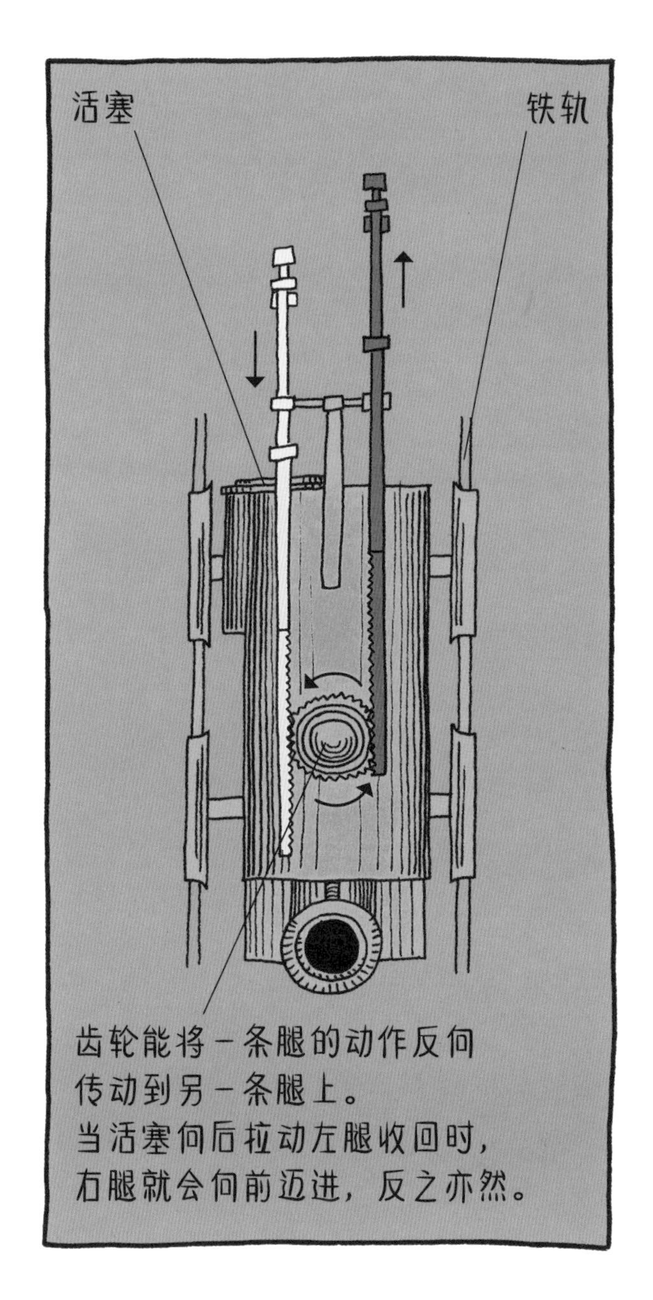

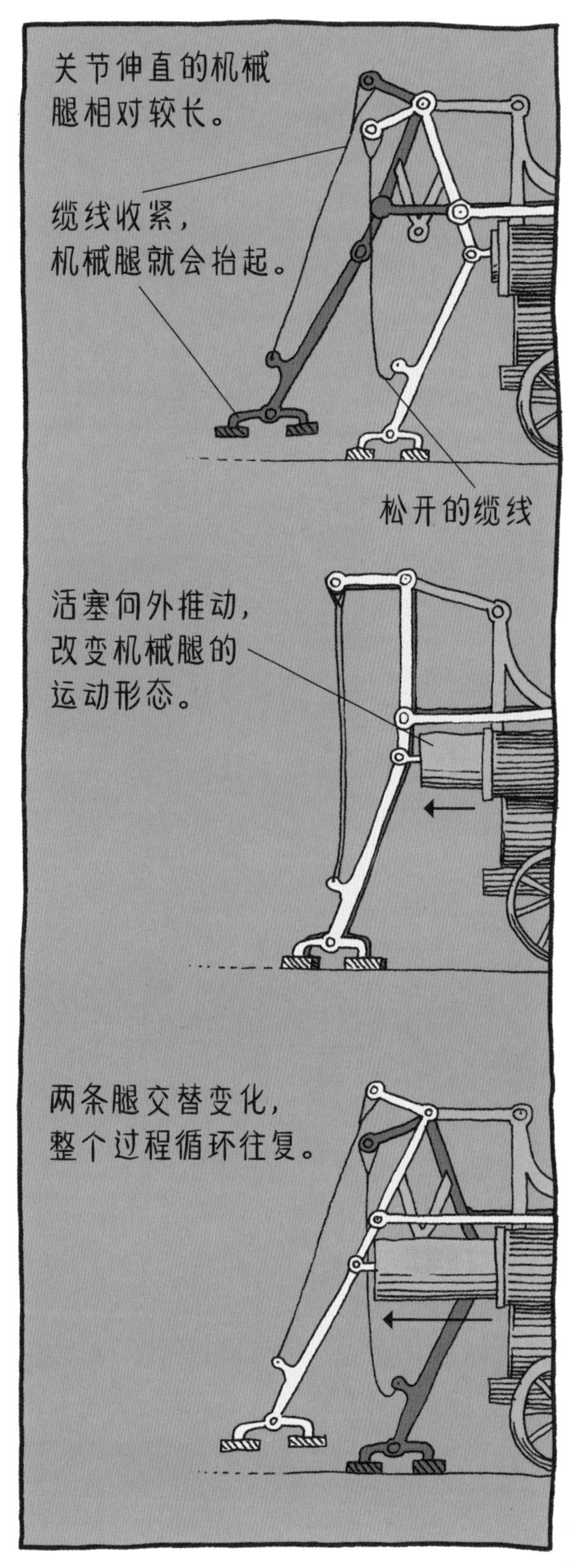

发生了爆炸，造成多名观众死伤。这是历史上第一次铁路事故，它也因此让这辆机车的原型短命而终。

今天，类似的机器构造被广泛地应用在机器人和特种行走机械上。时间就是这般爱捉弄人，旧时的发明设计往往会在许多年以后改头换面，焕发新生。

1939 伊莱克
2013 野猫
2012 卡
2013 阿特拉斯
儿子，你看，
它也是我们的前辈。
哇哦！它连数学
都不懂，竟然
已经会走路了！

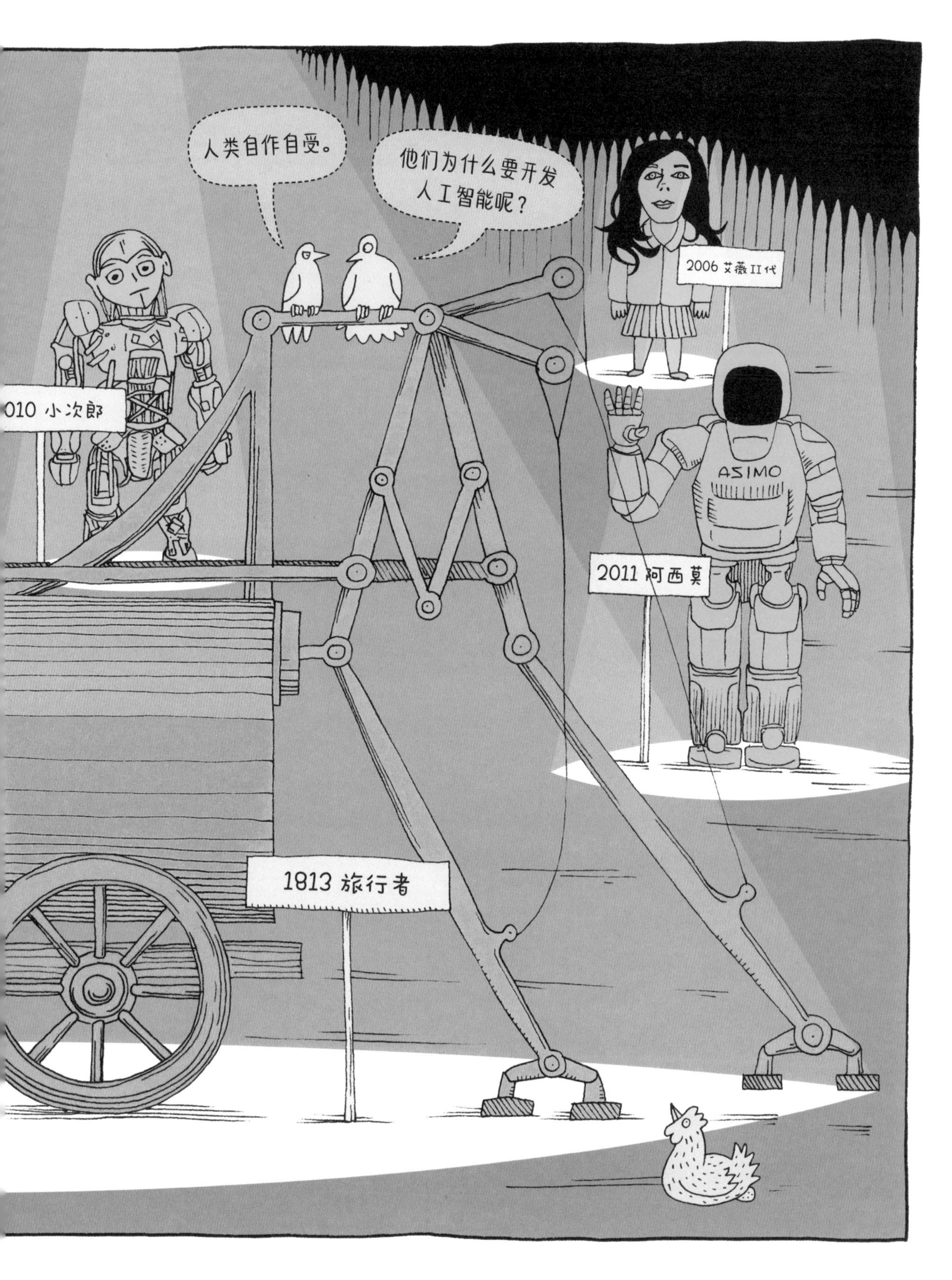
人类自作自受。
他们为什么要开发人工智能呢？
2006 艾薇II代
010 小次郎
ASIMO
2011 阿西莫
1813 旅行者

磁动力热气球

18世纪

自从1783年，史上第一个热气球搭载着一只羊、一只鸭子和一只公鸡在巴黎成功升空以后，欧洲大陆发生了很多与热气球有关的疯狂事件。

那时，热气球也出现在了波兰的克拉科夫和华沙的上空，波兰人管它叫“头顶上的南瓜”。

其实，关于热气球，当时的主要麻

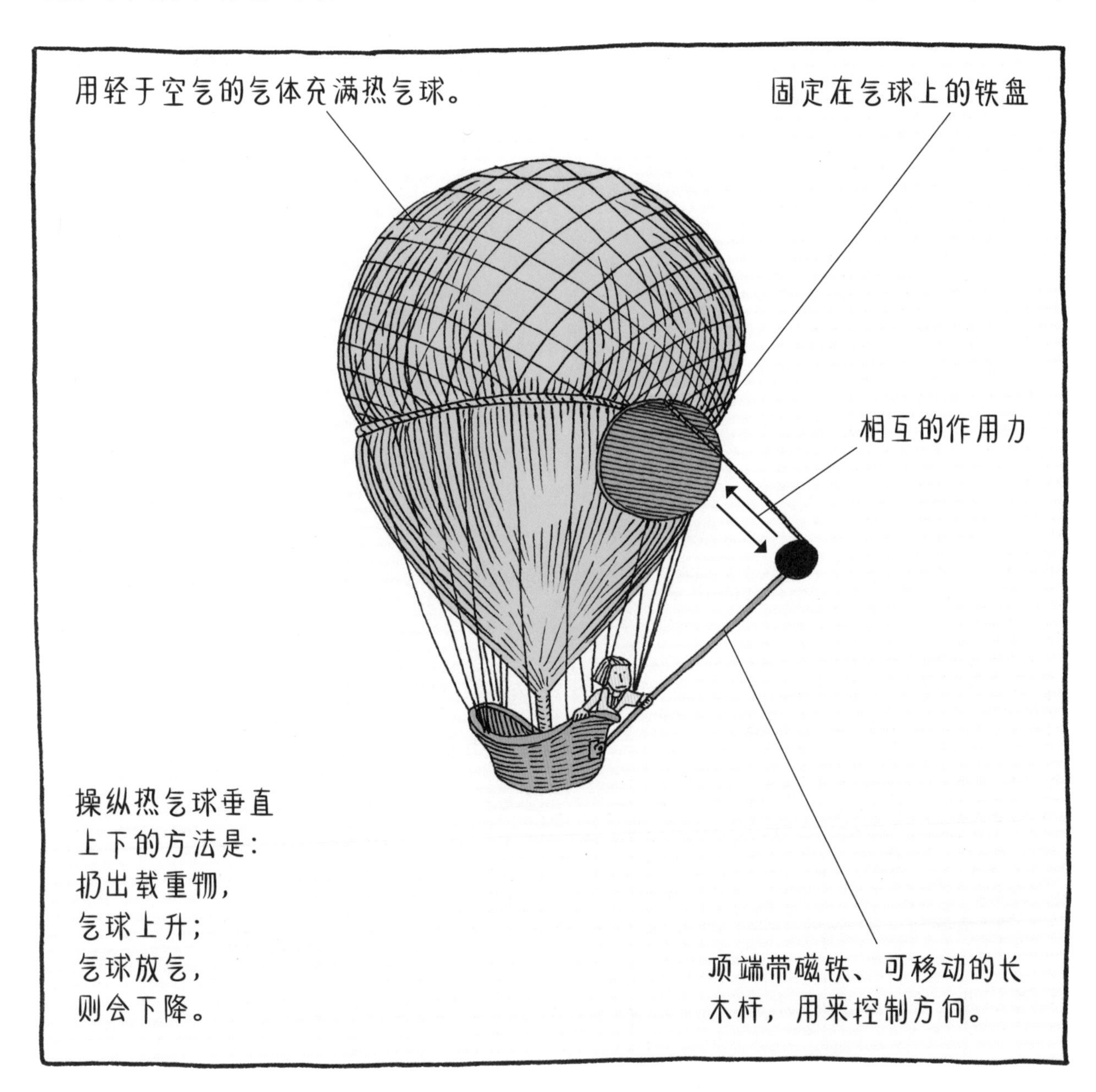

烦是，人们还不知道该怎样去控制它的方向。升空后的热气球根本不听使唤，它会随着风向在空中飘来飘去，直到最后挂在高高的大树枝上，或者挂在教堂的尖顶上才能停下来。所以，乘坐热气球被当时的人认为是非常昂贵和危险的游戏，也就没什么好奇怪的了。如何在空中控制热气球，是一个让人们很困惑

国王对他的这个办法赞赏有加，命人将其写下来，寄给了远在柏林和圣彼得堡的科学家们，结果却碰了一鼻子灰。

显而易见，按这个方法想要拉拽乘客篮时，篮子丝毫不会动！这是因为磁铁对铁盘有吸引力，铁盘同样也对磁铁有吸引力，它们相互间的作用力是一样的，因此并不会产生能够移动物体的效果。

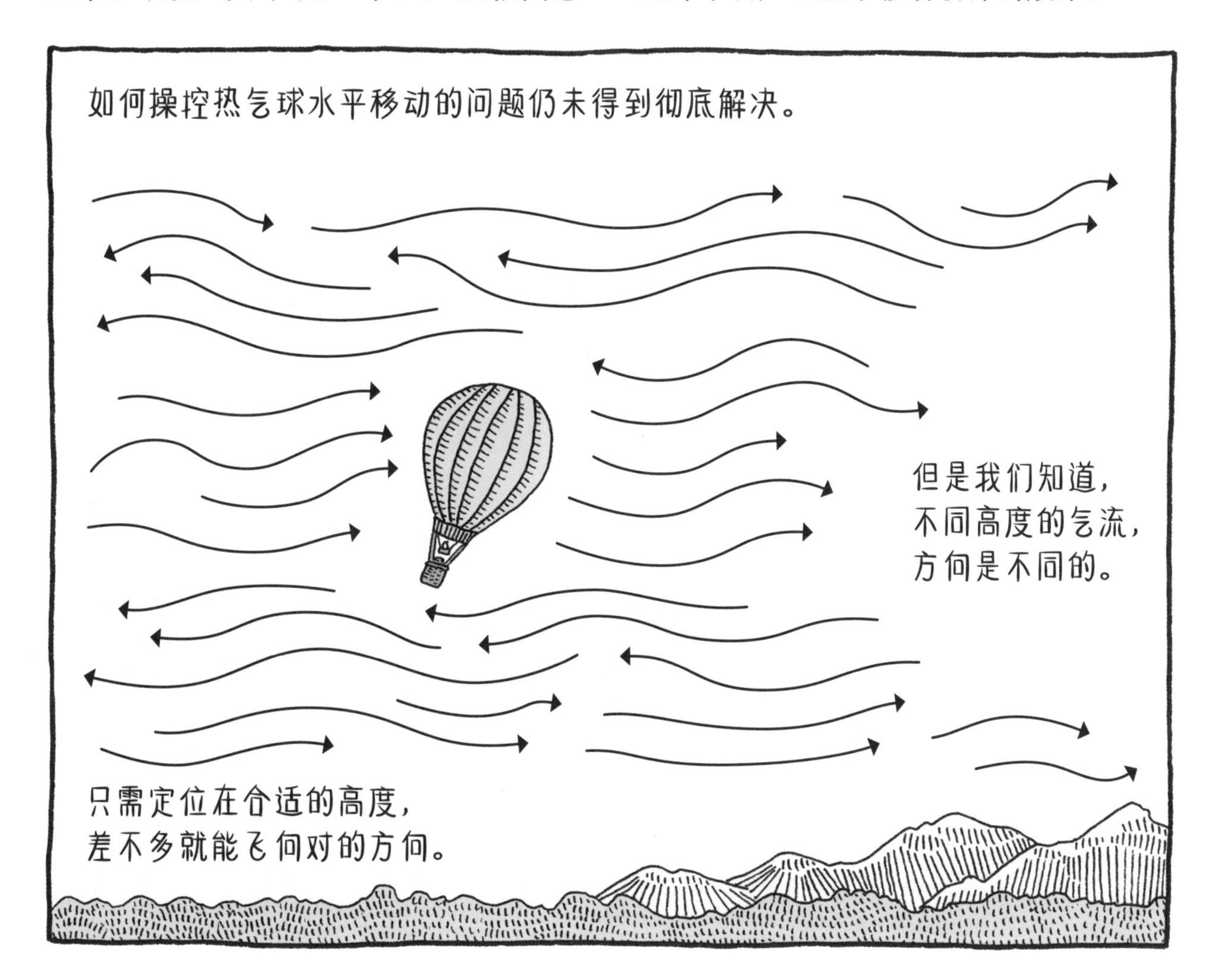

的问题。

波兰国王斯坦尼斯瓦夫二世的大臣、大诗人斯坦尼斯瓦夫·特伦贝茨基，为此想出了一个办法。

科学家们给他们回信说，希望大诗人以后不要再搞发明了，还是将他那旺盛的想象力全心全意地用在诗歌创作上吧！

上面的风
很大啊！
刚才没有向东飞，
太遗憾了！

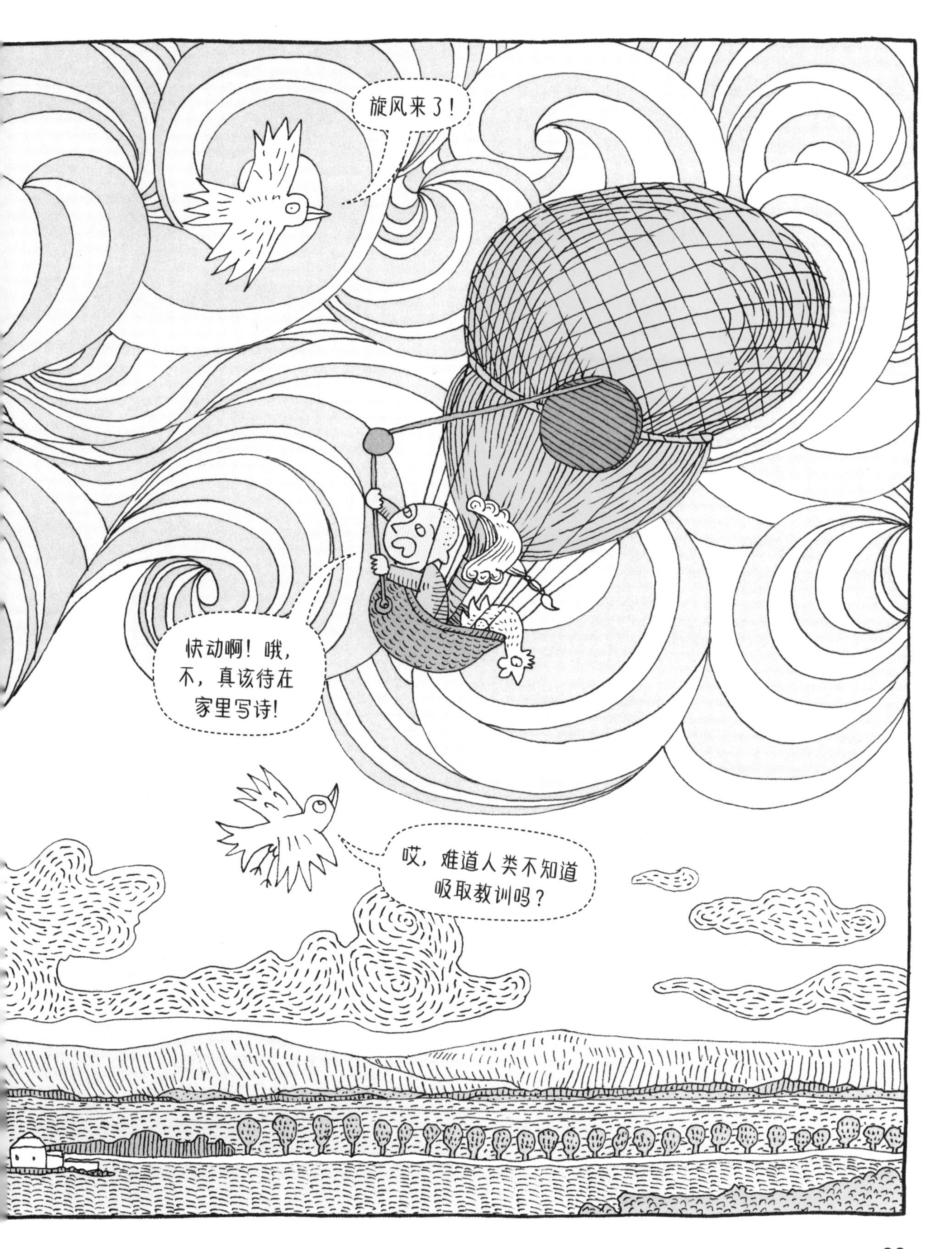
旋风来了！
快动啊！哦，不，真该待在家里写诗！
哎，难道人类不知道吸取教训吗？

糖果分拣机

2010年

想想看，用旧望远镜、小鸟喂食器、几个瓷碗、色彩传感器和一些环氧树脂材料，能做出什么来呢？一定可以做不少东西。

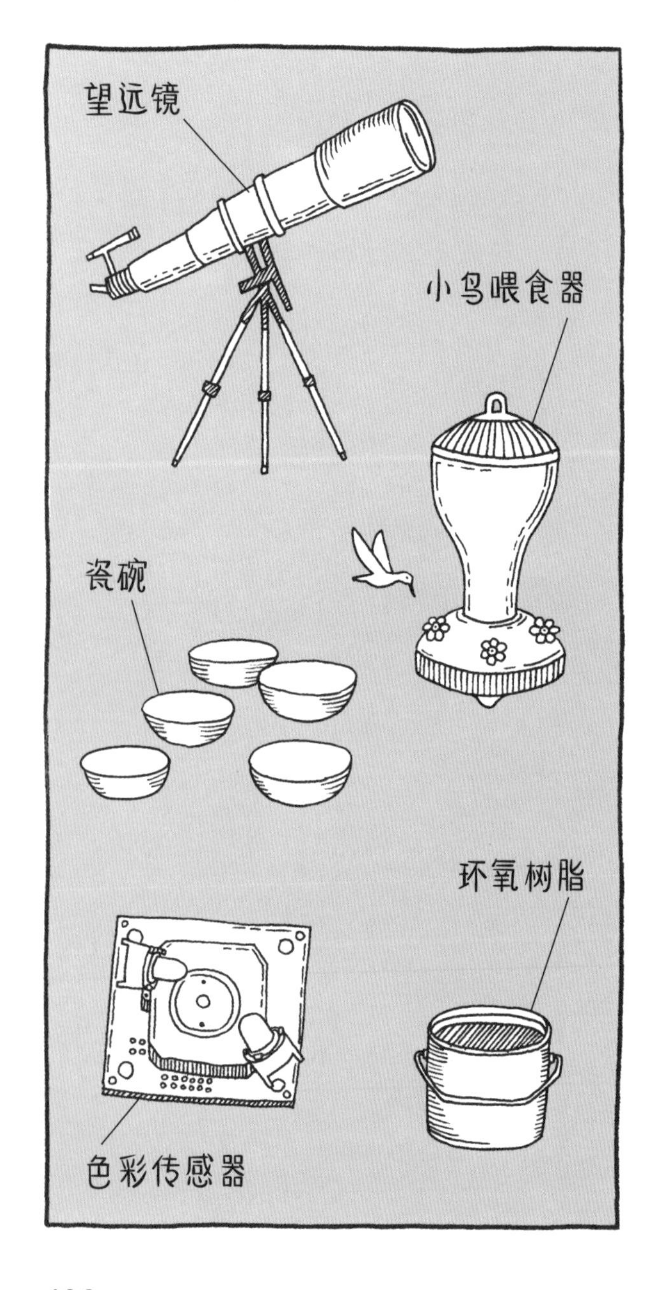

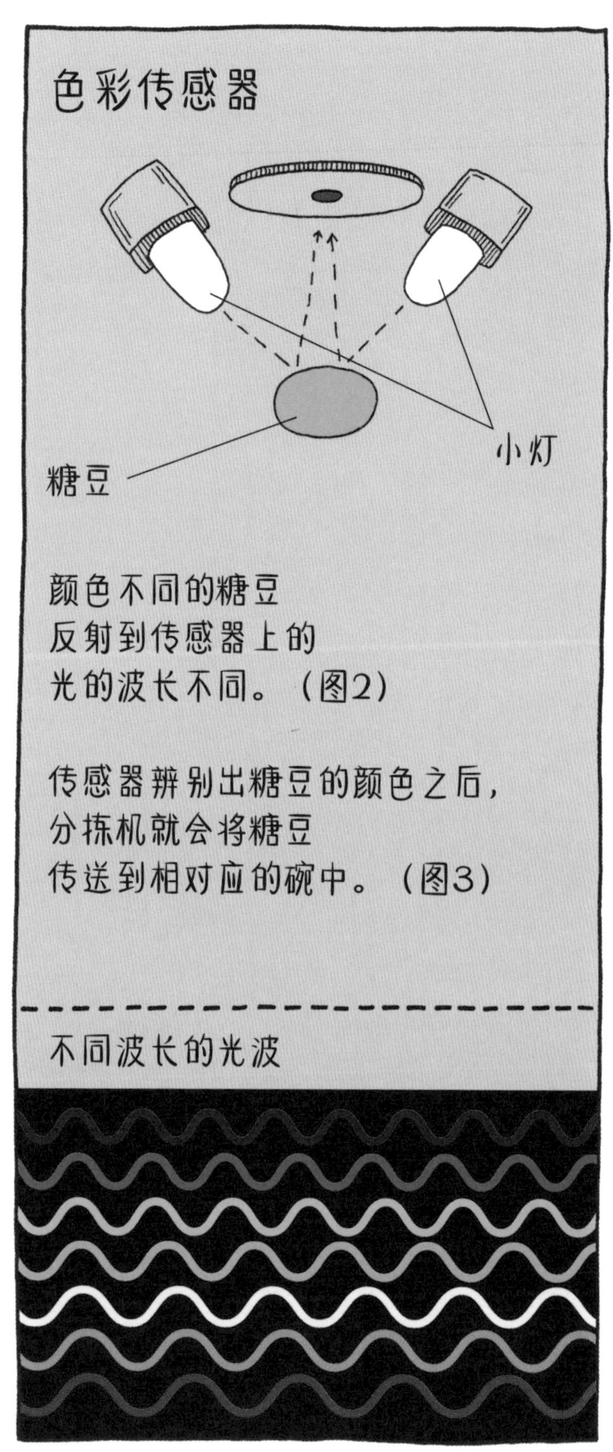

美国的艺术设计工程师布莱恩·依杰瑞瑟花了几个周末的时间，就用这些材料组装出了一台能将糖果按颜色分开的机器。

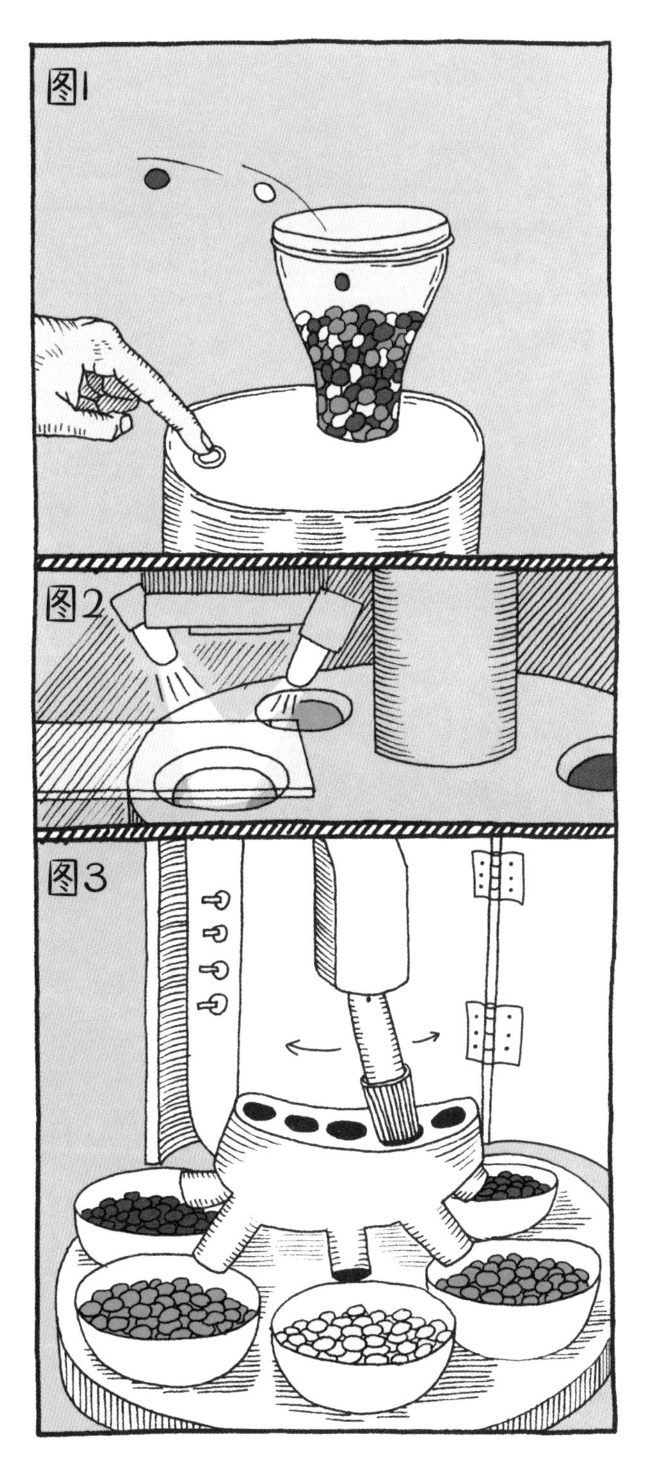

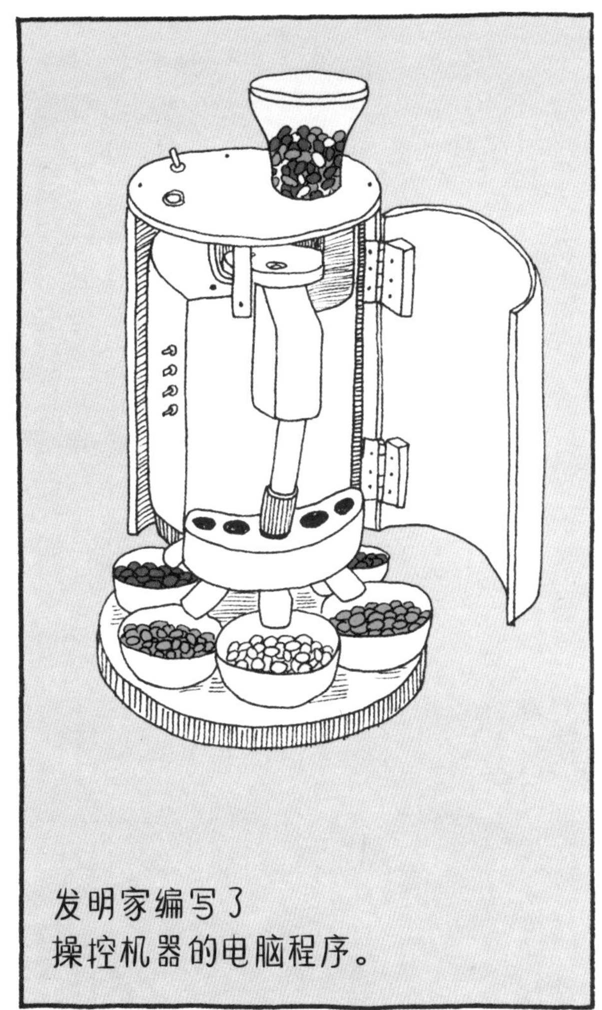

这个糖果分拣机的大部分零部件，尤其是内部固件和外壳，都是用环氧树脂制作而成的，因为这种材料在硬化后会变得十分坚固耐用。

辨别色彩和分拣糖果的装置，是由旧望远镜的零部件和便宜又好找的色彩传感器制作而成的。

除此之外，糖果分拣机的其他部分，比如瓷碗、底座、金属手柄、合页、螺丝钉、漏斗状的小鸟喂食器，则都是发明家在自家厨房的抽屉里搜罗出来的。

还有什么是人类
想不出来的！
我们不分
这种糖果。
我们可是从
大老远来的……
我更喜欢
巧克力豆。
我又运来新的了
分拣这么多起码
要几个世纪吧！
!!!

这是真的啊！
快分拣，
快分拣！
♥
橘色的最好吃啦！

蒸汽车

1770年

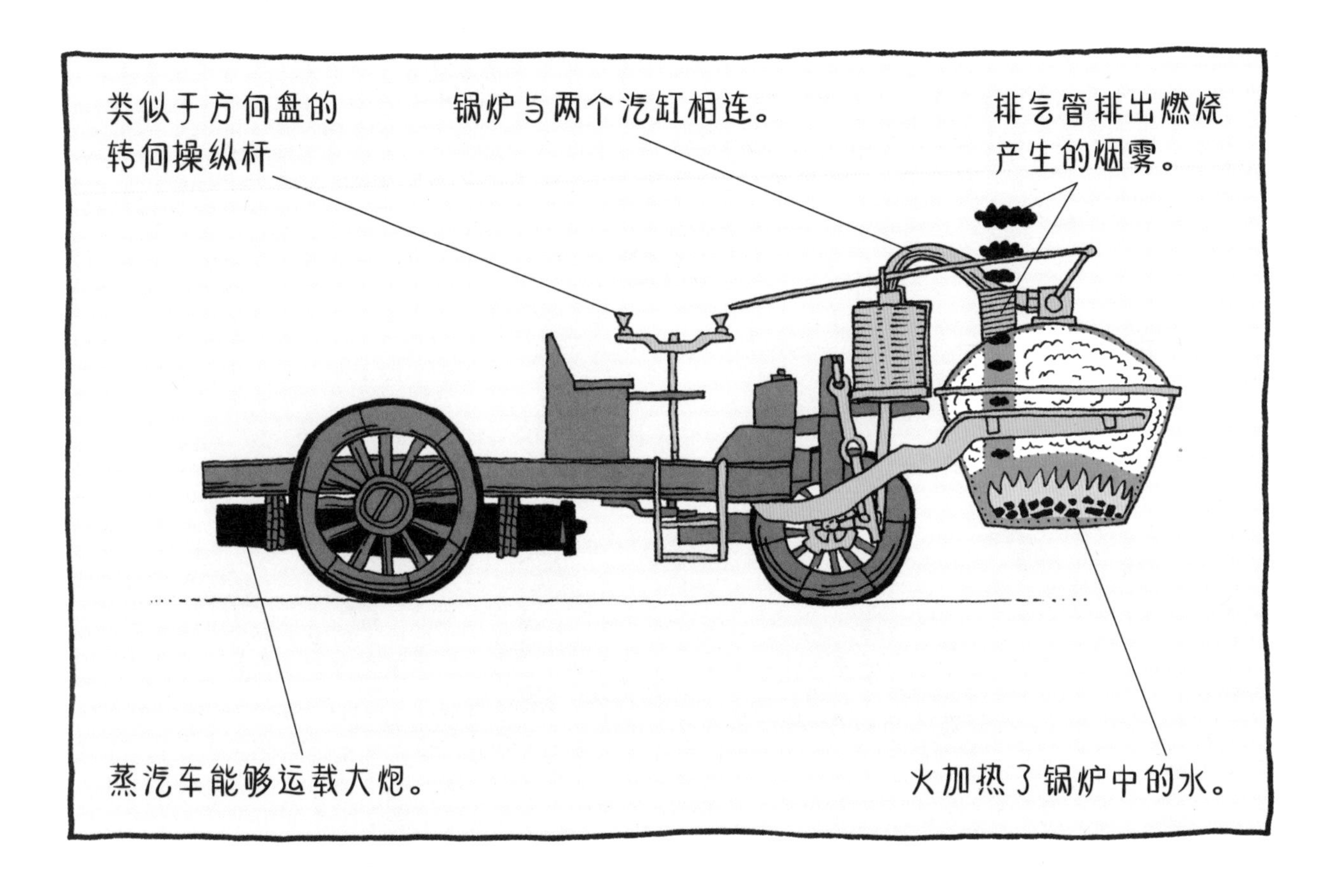

看到车头冒着腾腾热气的三轮车，人们肯定都会觉得非常奇怪。不过，这可不是送热汤的车，而是现代汽车的前身。它是由法国发明家、工程师尼古拉斯·约瑟夫·古诺设计制造的。

遗憾的是，这辆车并不实用，每15至20分钟就必须停下来，再点一次火，才能够继续前进。更糟糕的是，它的速度比人走路的速度还要慢。此外，司机还抱怨转向十分费劲，需要发明家不断地改进。

1771年，在一次公开的演示中，这辆车子突然失去了控制，来不及转弯就撞到了路边的墙上。这成为历史上第一起机动车事故。

目睹了这场事故的大臣和其他观看者大惊失色，这位大臣表示将不再继续为发明家提供财政资助。但是，法国国王路易十五依然十分赞赏古诺的发明，为他提供了丰厚的退休金，以表彰他对社会的贡献。

现在，这辆蒸汽车被保存在巴黎的法国国立工艺学院，大家可以在那里看到它。

锅炉中的蒸汽依次进入
左侧汽缸和右侧汽缸，
推动汽缸中间的活塞。

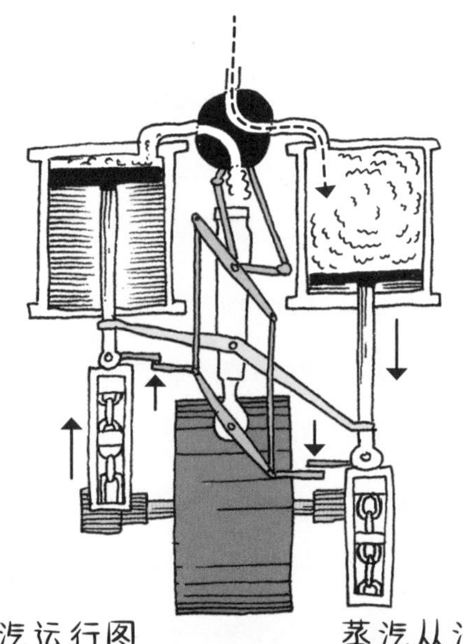

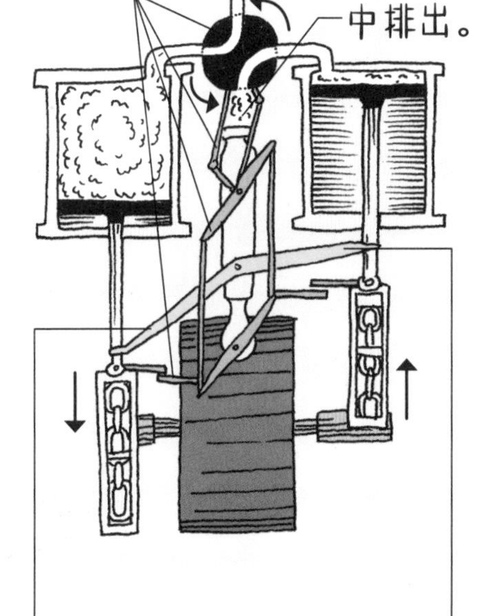

两个活塞是相连的。蒸汽进入后，
会将一个活塞向下推，另一个活塞
就会向上顶。

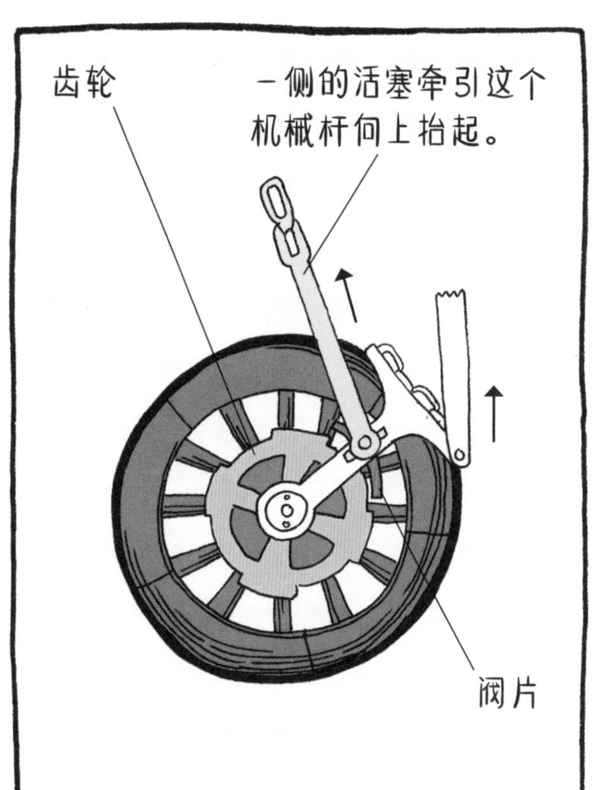

另一侧的活塞推着这个机械杆向下，
前轮就动起来了。

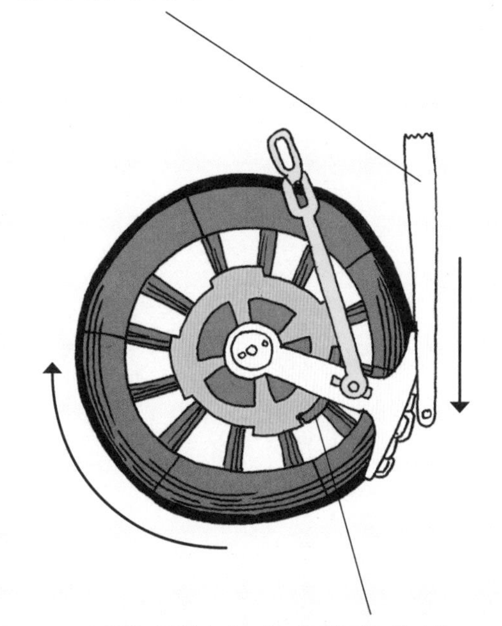

该死的蒸汽，我
都看不见路了！
也许，我得调整
一下发动机。
怪物！

真是破烂车！
天啊！
我就知道。
快停下！你们要
开进我家里啦！

破纪录的翅膀

2010年

现在，我们都知道，仅仅靠拍动固定在肩膀上的假翅膀，是无法让人像鸟儿一样在空中飞翔的，因为人自身的体重太重，而臂力又太小，根本无法持续快速地拍动假翅膀。

如今，电子计算机的应用越来越普遍，有什么办法能让这二者之间联系起来呢？也就是说，利用计算机精确地

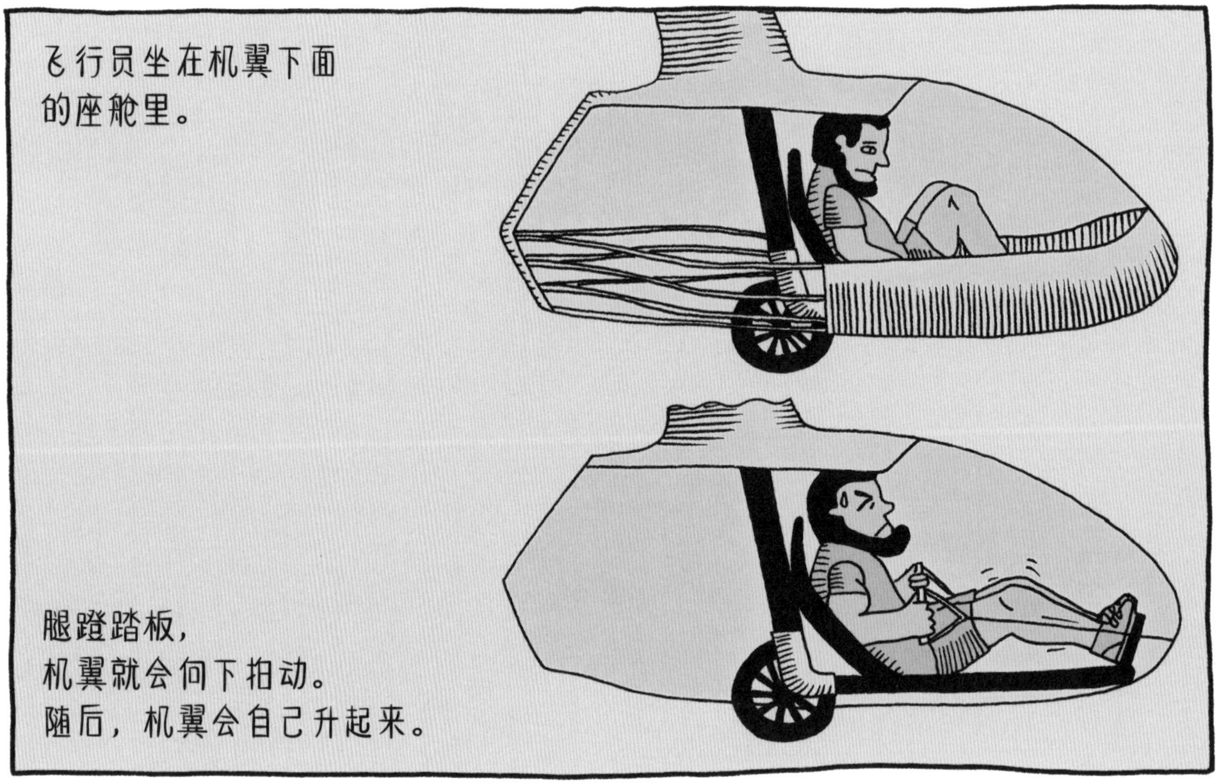

早期的扑翼机，请参见本书第72页。

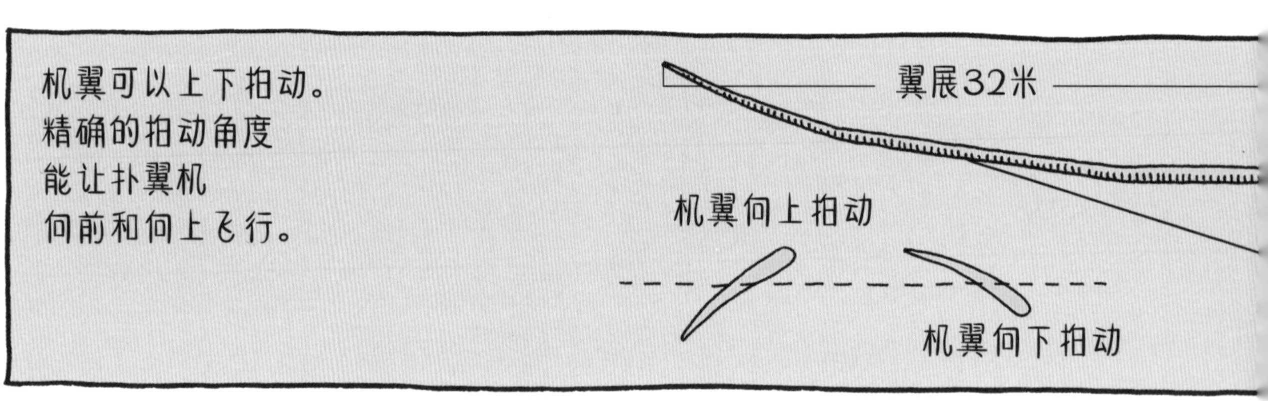

计算出最适合人类飞行的翅膀的形状和大小，以及到底需要多大的力量，才能拍动人工翅膀飞起来。有了计算机的帮助，建造和不断改进各种新的飞行器，就可以节约大量的金钱和时间。

来自多伦多大学的年轻科学家们，已经利用计算机完成了前期复杂的计算，并在此基础上成功地制造出了一架现代扑翼机。他们将它命名为“雪鸟号”。

在试飞中，“雪鸟号”飞行了145米，用时接近20秒，平均时速达到了25千米。这次试验创造了人工动力飞行器的世界纪录。

现在，“雪鸟号”被保存在加拿大渥太华的航空博物馆中供人们参观。

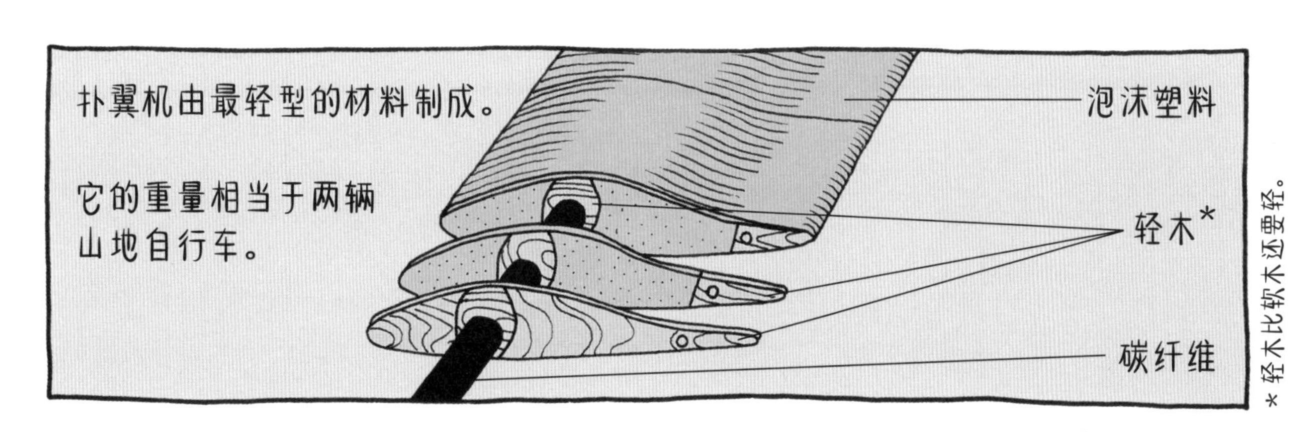

* 轻木比软木还要轻。

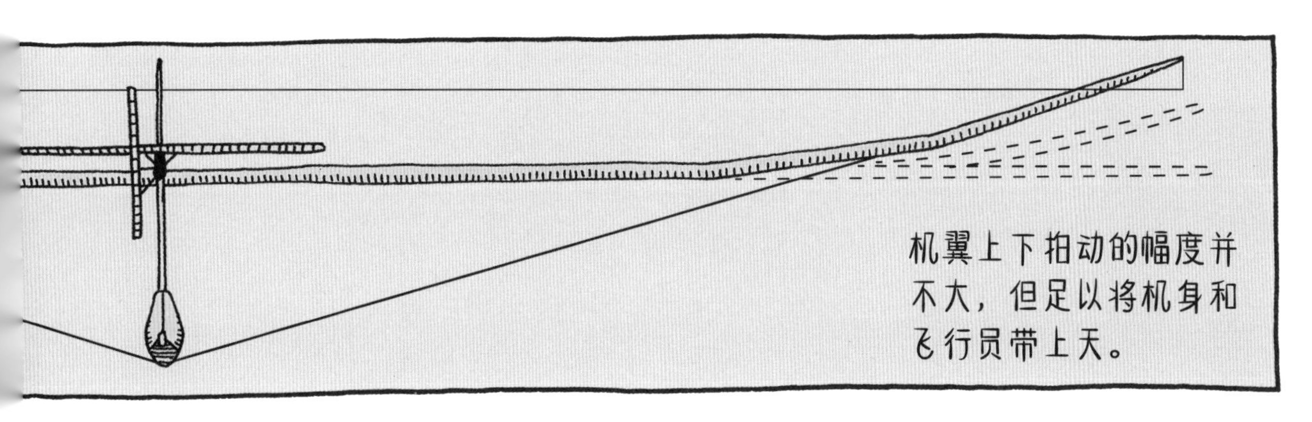

天啊！
人类偶尔也会飞起来。
太棒啦！！！
他们还说不会成功呢！
看到了吗？！
看它飞得多棒啊！

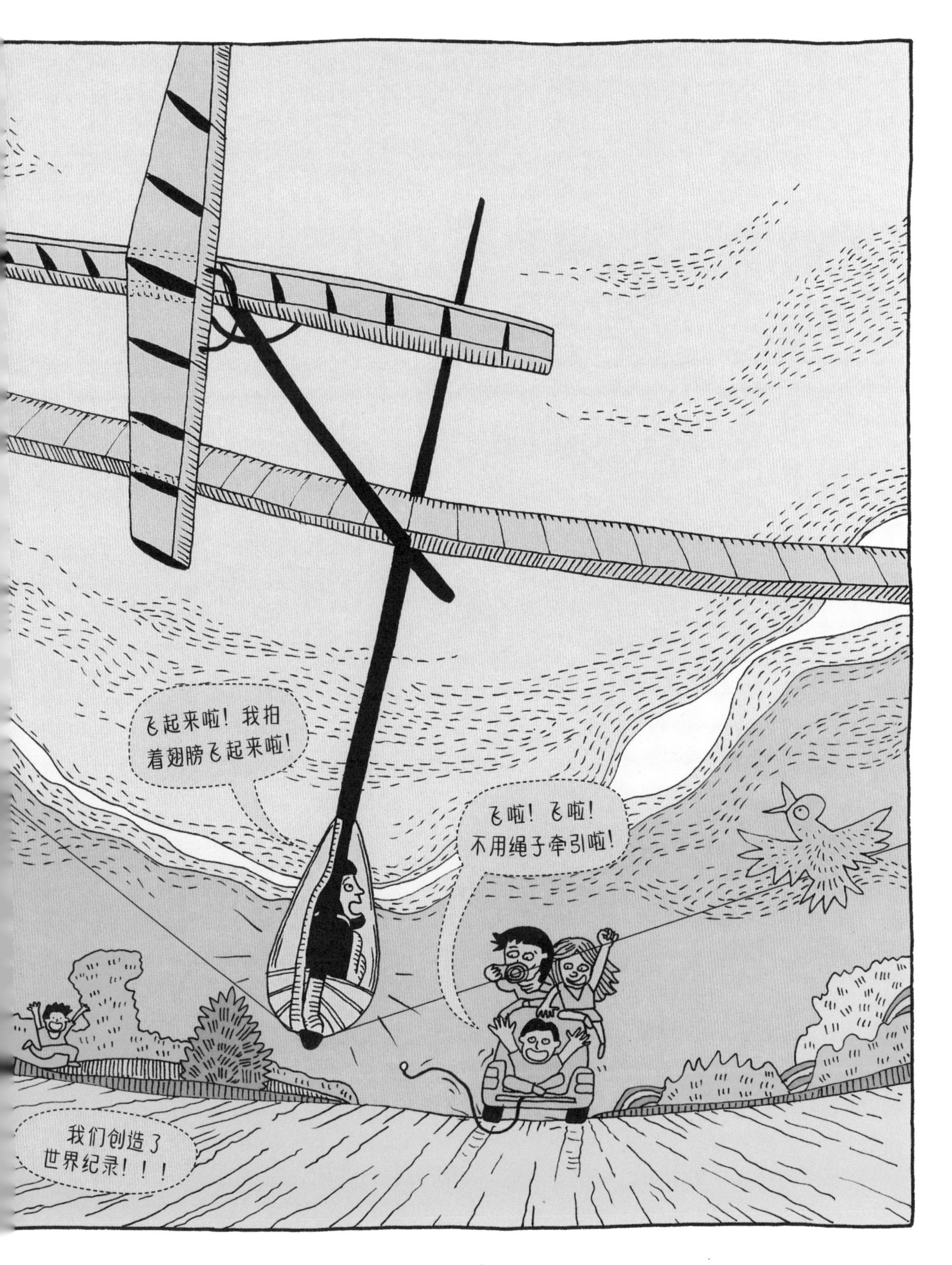
飞起来啦！我拍
着翅膀飞起来啦！
飞啦！飞啦！
不用绳子牵引啦！
我们创造了
世界纪录！！！

冷冻音乐

2012年

留声机现在早已成了古董，可仍然拥有一大批钟爱它的粉丝。如果是一张高品质的老唱片，哪怕唱片上已经有了划痕，粉丝们也愿意听它传来的带着怀旧气息

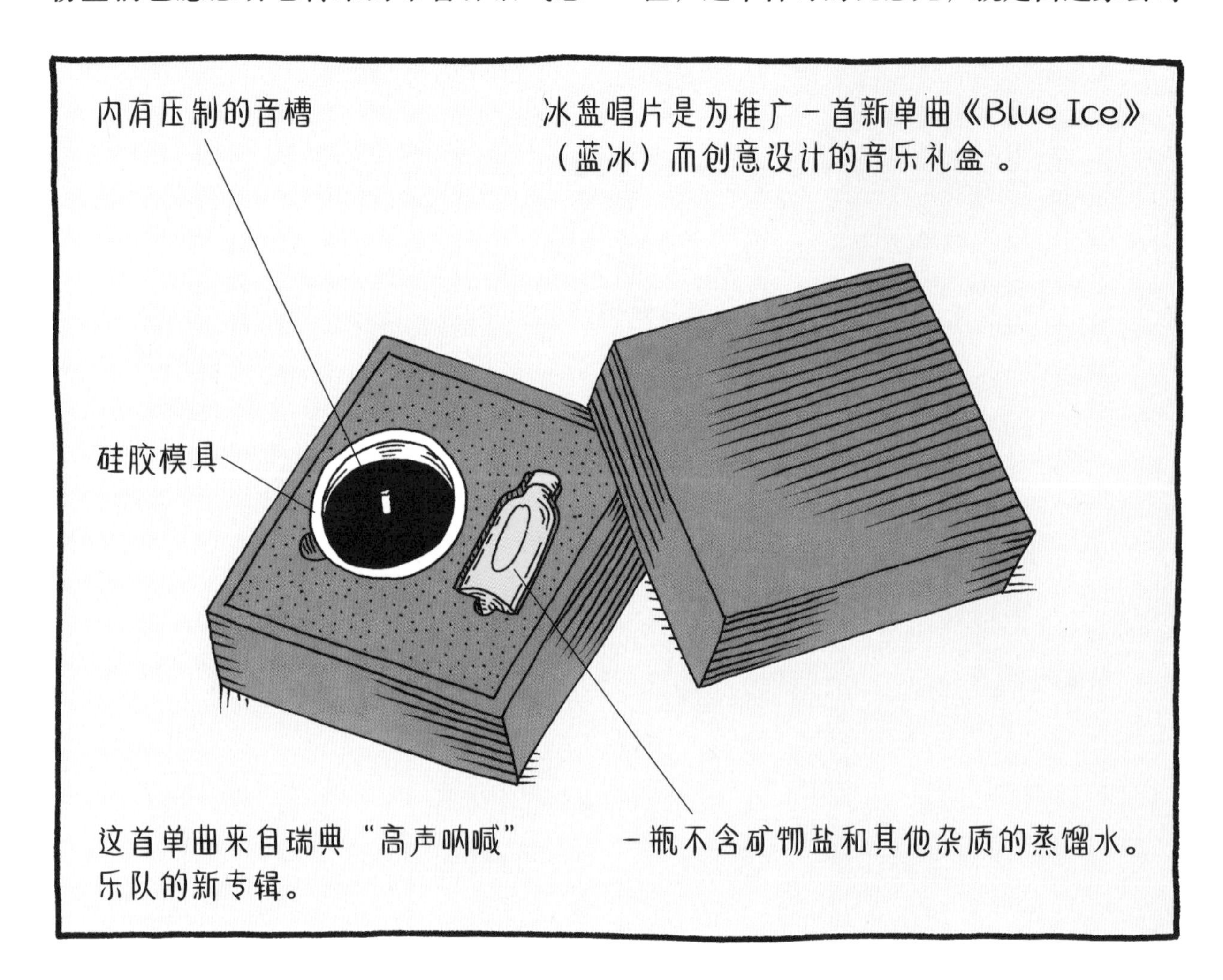

的、刺刺啦啦的音乐，而不会选择CD光盘或是网上下载的音乐。现在，发烧友们如果再遇到自己喜欢的唱片，不仅可以把它保存在架子上，还可以把它冷冻起来！

也就是说，利用特制的模具将音乐专辑冷冻成一次性的冰盘唱片。斯德哥尔摩的TBWA广告公司以各种新颖的创意闻名于世，这个神奇的玩意儿，就是由这家公司的创意专家设计出来的。

冰盘唱片可以刻录一首歌，也只能播放这一首歌，播放完后，冰会渐渐融化。这是它的缺点，那么它的优点呢？

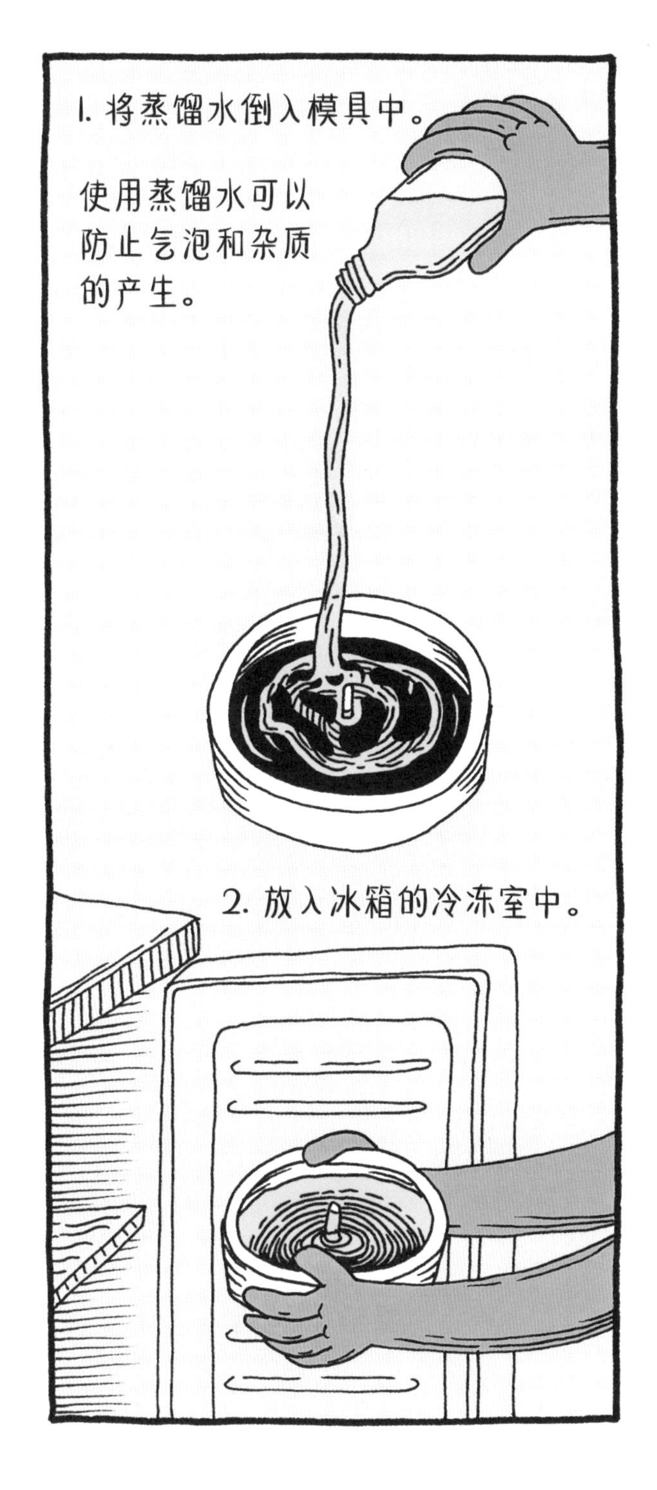

那就是你借给朋友的只是一个模具，而你原来的宝贝唱片不会有被划伤的风险。另外，你每次听到的，都会是一张新的唱片。

不穿裤子走路就是这么复古。
帽子和我的发型不搭。
今天我也遇到过这个问题，天气很热。
你用这个LOMO相机照过相吗？
你戴这顶帽子不热吗？
冰盘唱片的声音真让人兴奋！
美极了！我来张自拍！
还没有，我先拿着玩玩。

用胶卷照相好有
艺术感啊！
你试试我的，
镜头上还有
划痕呢。
这些人怎么回事？
大夏天戴帽子干吗？
我玩过多米诺骨牌，
以前很流行。
是啊！我也
玩过！
我才是这儿最
特别的人。
有点热。

打印的太空基地

2013年

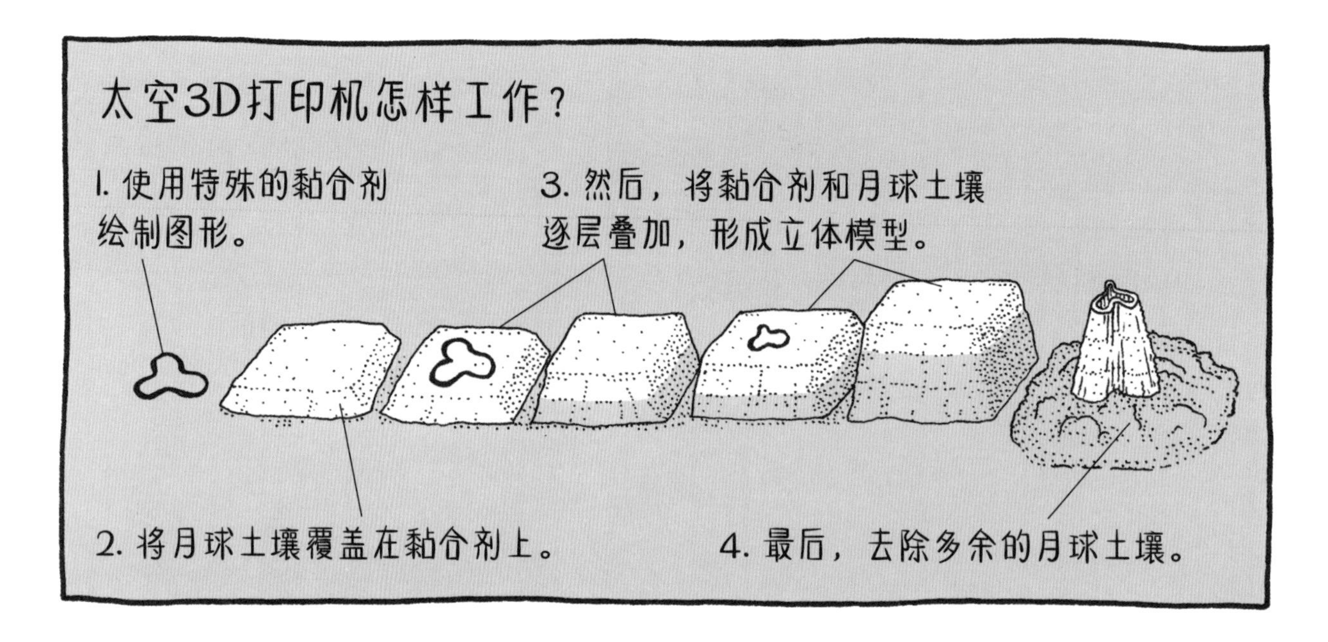

现在，我们可以期待，用不了多久，我们就能用打印机建造房子了，而且不仅仅是在地球上，还可以在月球上建造房子！

来自伦敦福斯特建筑事务所的工程师们正在与欧洲航天局展开合作，他们计划利用3D打印技术，联手在月球的向阳面建造一个小型的太空基地。

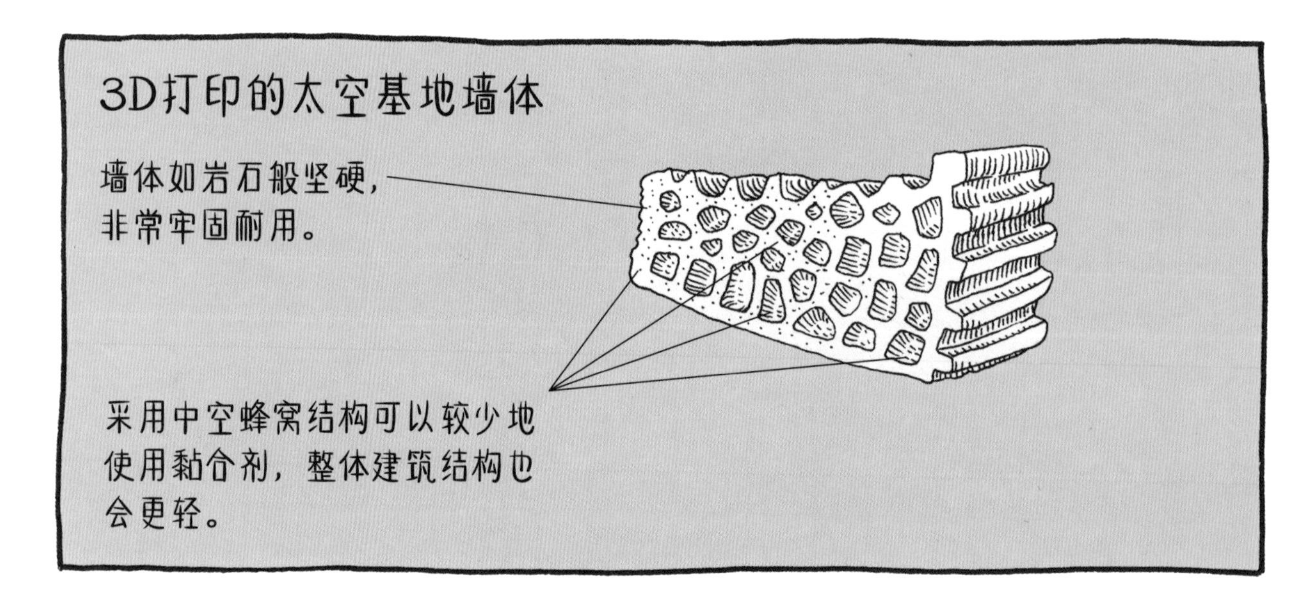

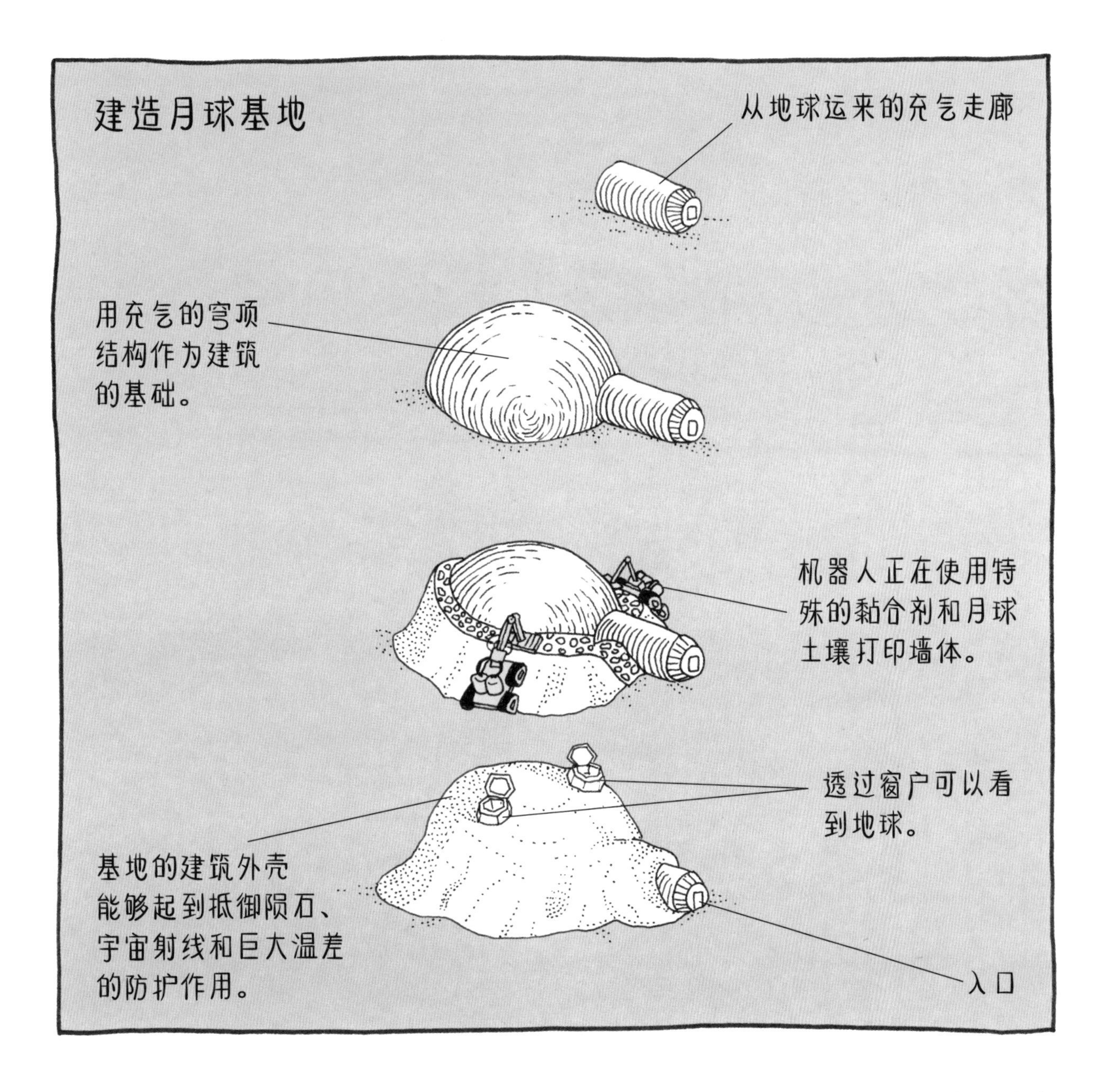

那么，建造这样的太空基地真的具有可操作性吗？当然有。

首先，建造太空基地的材料绝大多数可以就地取材，这样就能够大大地节约从地球运输建筑材料的成本。简单来讲，就是把制造厂搬到太空，在太空中实现物资的自给自足。其次，大部分的施工都由机器人来完成，而不需要使用人力——这一点非常重要，因为月球上并没有可供人类呼吸的空气，而且白天热得让人无法想象，夜晚又冷得出奇。

既然是这样，为什么还要建造月球基地呢？真的会有人想住在月球上面吗？当然有！宇航员们对此已经急不可待，那里将是一个非常理想的进行太空研究的地方。

我们来月球，
是为了探索地球！
别讲大道理了，
还要打印太空基地呢！

目 录

鸣谢 波兰驻华大使馆文化处

图书在版编目（CIP）数据

不可思议的发明 /（波）玛乌戈热塔•梅切尔斯卡文；（波）亚历山德拉•米热林斯卡，（波）丹尼尔•米热林斯基图；乌兰，李佳译. 一 贵阳：贵州人民出版社，2017.10（2019.4 重印）
ISBN 978-7-221-14379-2

Ⅰ. ①不… Ⅱ. ①玛… ②亚… ③丹… ④乌… ⑤李… Ⅲ. ①创造发明一普及读物 Ⅳ. ①N19-49

中国版本图书馆CIP数据核字(2017)第238050号

不可思议的发明
BUKESIYI DE FAMING

策划 / 蒲公英童书馆
责任编辑 / 颜小鹂 刘学琴
装帧设计 / 曾 念
责任印制 / 于翠云
出版发行 / 贵州出版集团 贵州人民出版社
地址 / 贵阳市观山湖区会展东路SOHO办公区A座
电话 / 010-85805785（编辑部）
印刷 / 鸿博昊天科技有限公司（010-87563888）
版次 / 2017年11月第1版
印次 / 2019年4月第4次印刷
开本 / 889mm×1194mm 1/16
印张 / 8
字数 / 150千字
定价 / 76.00元
官方微博 / weibo.com/poogoyo
微信公众号 / pugongyingkids
蒲公英检索号 / 170630100